住房和城乡建设部"十四五"规划教材
高等职业教育建筑设备类专业群"互联网+"活页式创新系列教材

建筑智能化工程造价

岳井峰 主 编

中国建筑工业出版社

图书在版编目（CIP）数据

建筑智能化工程造价 / 岳井峰主编．—北京：中国建筑工业出版社，2023.3（2024.6重印）

住房和城乡建设部“十四五”规划教材　高等职业教育建筑设备类专业群“互联网+”活页式创新系列教材

ISBN 978-7-112-27868-8

Ⅰ.①建…　Ⅱ.①岳…　Ⅲ.①智能建筑–工程造价–高等职业教育–教材　Ⅳ.①TU723.3

中国版本图书馆CIP数据核字（2022）第162966号

本教材为住房和城乡建设部“十四五”规划教材以及教育部国家级教学资源库（建筑智能化工程技术专业）配套教材。教材以真实工程项目典型工作任务为载体，立体化设计了学生任务单、知识与技能、问题思考、拓展知识工作手册结构。内容包括建筑智能化工程计量与计价准备、建筑电气设备安装工程计量与计价、建筑智能化安装工程计量与计价、措施项目与其他项目清单编制与计价、安装工程造价文件编制实训及工程结算6个项目模块、17个典型工作任务。

本教材既可用于建筑智能化工程技术、建筑电气工程技术等专业教学，也可作为从事建筑安装工程的造价从业人员、工程技术管理人员的培训及参考用书，适用于建筑电气与智能化工程造价的初学者。

为了便于本课程教学，作者自制免费课件资源，索取方式为：1. 邮箱：jckj@cabp.com.cn；2. 电话：（010）58337285；3. 建工书院：http://edu.cabplink.com（PC端）；4. QQ交流群：622178184。

责任编辑：司　汉
文字编辑：胡欣蕊
书籍设计：锋尚设计
责任校对：刘梦然

教学服务群

住房和城乡建设部“十四五”规划教材
高等职业教育建筑设备类专业群“互联网+”活页式创新系列教材

建筑智能化工程造价

岳井峰　主　编

*

中国建筑工业出版社出版、发行（北京海淀三里河路9号）
各地新华书店、建筑书店经销
北京锋尚制版有限公司制版
北京市密东印刷有限公司印刷

*

开本：787毫米×1092毫米　1/16　印张：12½　字数：272千字
2022年11月第一版　2024年6月第三次印刷
定价：**49.00**元（赠教师课件）
ISBN 978-7-112-27868-8
（39918）

教育部国家级教学资源库
（建筑智能化工程技术专业）
配套教材编委会

本书编审委员会

主　编：岳井峰

主　审：董　娟

副主编：许春燕　韩俊玲

参　编：侯　冉　雷占军　何洁彦　李　娜　罗　丹

贾冰姝　王诗乐

出版说明

党和国家高度重视教材建设。2016年，中办国办印发了《关于加强和改进新形势下大中小学教材建设的意见》，提出要健全国家教材制度。2019年12月，教育部牵头制定了《普通高等学校教材管理办法》和《职业院校教材管理办法》，旨在全面加强党的领导，切实提高教材建设的科学化水平，打造精品教材。住房和城乡建设部历来重视土建类学科专业教材建设，从"九五"开始组织部级规划教材立项工作，经过近30年的不断建设，规划教材提升了住房和城乡建设行业教材质量和认可度，出版了一系列精品教材，有效促进了行业部门引导专业教育，推动了行业高质量发展。

为进一步加强高等教育、职业教育住房和城乡建设领域学科专业教材建设工作，提高住房和城乡建设行业人才培养质量，2020年12月，住房和城乡建设部办公厅印发《关于申报高等教育职业教育住房和城乡建设领域学科专业"十四五"规划教材的通知》（建办人函〔2020〕656号），开展了住房和城乡建设部"十四五"规划教材选题的申报工作。经过专家评审和部人事司审核，512项选题列入住房和城乡建设领域学科专业"十四五"规划教材（简称规划教材）。2021年9月，住房和城乡建设部印发了《高等教育职业教育住房和城乡建设领域学科专业"十四五"规划教材选题的通知》（建人函〔2021〕36号）。为做好"十四五"规划教材的编写、审核、出版等工作，《通知》要求：（1）规划教材的编著者应依据《住房和城乡建设领域学科专业"十四五"规划教材申请书》（简称《申请书》）中的立项目标、申报依据、工作安排及进度，按时编写出高质量的教材；（2）规划教材编著者所在单位应履行《申请书》中的学校保证计划实施的主要条件，支持编著者按计划完成书稿编写工作；（3）高等学校土建类专业课程教材与教学资源专家委员会、全国住房和城乡建设职业教育教学指导委员会、住房和城乡建设部中等职业教育专业指导委员会应做好规划教材的指导、协调和审稿等工作，保证编写质量；（4）规划教材出版单位应积极配合，做好编辑、出版、发行等工作；（5）规划教材封面和书脊应标注“住房和城乡建设部‘十四五’规划教材”字样和统一标识；（6）规划教材应在“十四五”期间完成出版，逾期不能完成的，不再作为《住房和城乡建设领域学科专业“十四五”规划教材》。

住房和城乡建设领域学科专业“十四五”规划教材的特点，一是重点以修订教育部、住房和城乡建设部“十二五”“十三五”规划教材为主；二是严格按照专业标准规范要求编写，体现新发展理念；三是系列教材具有明显特点，满足不同层次和类型的学校专业教学要求；四是配备了数字资源，适应现代化教学的要求。规划教材的出版凝聚了作者、主审及编辑的心血，得到了有关院校、出版单位的大力支持，教材建设管理过程有严格保障。希望广大院校及各专业师生在选用、使用过程中，对规划教材的编写、出版质量进行反馈，以促进规划教材建设质量不断提高。

住房和城乡建设部“十四五”规划教材办公室

2021年11月

前　言

在“互联网+教育”大背景下，教材编写团队在多年教学与培训经验总结的基础上，以教育部国家级教学资源库（建筑智能化工程技术专业）为支撑，将传统纸质图书与现代数字化教学资源相结合，开发出这本具有较强针对性和实用性的活页式立体化教材，通过手机扫描书内二维码，实现“在线课堂，码上学习”，线上资源包括建筑科学技术发展新成果、工程造价改革新要求等内容，可满足学生多元化学习需要。

本教材以现行通用安装工程造价领域的国家标准、工程定额等计价依据为基准，吸收工程造价改革最新成果，按照造价工程师岗位工作流程，通过工作手册式结构设计，以“示例+任务”讲练结合的形式，系统地讲述建筑电气设备、智能化安装工程计量与计价专业知识与技能，传承精益求精的工匠精神。

本教材的特色与使用方法包括：

1. 以工程案例为载体，以工作任务为主线

以最具代表性的典型建筑电气与智能化安装工程作为教学载体，通过工作任务引导、示例辅导，学习专业知识，锻炼专业技能。加入教学服务QQ群可下载全套CAD工程图纸。

2. 线上教学资源丰富，一键扫码轻松学习

配套了大量的视频微课程、PPT教学课件、视频、动画、工程图纸等学习和教学素材，扫描二维码轻松学习。

3. 案例贴合造价工程师考试，方便教学组织与学习

案例设计最大化贴近造价工程师考试实务，示例、工作任务施工图均标示出管线水平长度，解决教学条件限制问题，扫码后可在手机上直接查看图片，无需CAD等计算机辅助软件即可完成学习训练。

4. 活页式教材，方便收发学生任务单，有利于教师审定

个性化设计的学生任务单，可分角色组织教学、学习，学生领

取工作任务，完成任务成果，活页式教材易拆卸，方便教师集中批阅、综合评定任务成绩。

本教材由辽宁建筑职业学院岳井峰担任主编，负责组织编写、统稿及线上资源开发等工作，黑龙江建筑职业技术学院董娟主审。具体分工为：项目1、任务2.1～任务2.3、项目4、项目6由岳井峰编写，任务2.4、任务3.4由宁夏建设职业技术学院李娜、内蒙古建筑职业技术学院罗丹、黑龙江建筑职业技术学院贾冰姝、黑龙江建筑职业技术学院王诗乐共同编写，任务3.1～任务3.2由广东建设职业技术学院许春燕编写，任务3.3由广东拓腾工程造价咨询有限公司何洁彦编写，任务3.5由青海建筑职业技术学院雷占军编写，任务3.6由辽宁建筑职业学院侯冉编写，项目5由辽宁建筑职业学院韩俊玲编写。

本教材在编写过程中，编者查阅了大量公开或内部发行的技术资料和书刊，参考借鉴了部分内容，在此向原作者致以衷心的感谢。

由于编者水平有限，加之时间仓促，书中难免存在缺漏和错误之处，敬请广大读者和专家批评指正。

目 录

项目 1
建筑智能化工程计量与计价准备

任务1.1 安装工程造价的概念与计价原理

任务1.2 认识安装工程计量与工程量清单

任务1.3 工程组价的基本方法

【教学载体】国家标准、费用组成文件、工程定额、费用定额（标准）。

【教学目标】

知识目标	能力目标	素养目标
1. 了解预算定额、工程计量和工程量清单的概念，工程计价模式及计价活动； 2. 熟悉工程定额组成、工程计量与分部分项工程量清单编制基础知识； 3. 掌握建筑安装工程费用组成、计价原理及计算方法，分部分项工程量清单编制与综合单价计算方法	1. 能够熟练应用专业技术知识、国家标准等计价依据，完成分部分项工程清单编码和项目特征描述； 2. 能够正确使用预算定额等计价依据，计算安装工程费用及综合单价	1. 能够独立思考，探究理解最新造价政策法规； 2. 注重团队合作，科学严谨，精益求精

微分享：1990年，中国建设工程造价管理协会成立，以遵守宪法、法律、法规和国家政策，践行社会主义核心价值观，遵守社会道德风尚，规范工程造价咨询行业执业行为，引导会员遵守职业准则，推动行业诚信建设等为宗旨。同学们应该自觉树立行业标准的规则意识，内不欺己、外不欺人。

【思维导图】

- 计量与计价准备
  - 算什么
    - 工程造价的概念
      - 广义
      - 狭义
    - 建筑安装工程费用组成
      - 按构成要素分类
      - 按造价形成过程分类
  - 怎么算
    - 工程造价计价原理
      - 工程计量
        - 有关规定
        - 工程量清单编制
      - 工程计价（组价）
        - 计价模式
        - 安装工程费用计算方法
        - 综合单价的计算方法
  - 计算依据
    - 国家计量与计价标准
    - 消耗量定额
    - 计价定额
    - 地区计价费用文件
    - 信息价格与市场价格

任务 1.1 安装工程造价的概念与计价原理

1.1.1 学生任务单

<table>
<tr><td>任务名称</td><td colspan="3">安装工程造价的概念与计价原理</td></tr>
<tr><td>学生姓名</td><td></td><td>班级学号</td><td></td></tr>
<tr><td>同组成员</td><td colspan="3"></td></tr>
<tr><td>任务角色</td><td colspan="3">□编制人员　　□复核人员</td></tr>
</table>

<table>
<tr><td rowspan="2">任务卡</td><td>任务内容</td><td>请根据所学知识，通过图书馆、资料室、网络等媒介查阅建筑电气设备安装工程定额及当地的最新费用标准，并做好内容摘要</td></tr>
<tr><td>需提交成果</td><td>文档</td></tr>
<tr><td>任务准备</td><td>拟使用媒介及程序</td><td></td></tr>
<tr><td rowspan="2">任务实施</td><td colspan="2">摘　要</td></tr>
<tr><td colspan="2">一、工程定额简况
1. 定额名称：

2. 定额适应范围：

3. 定额主要内容：

二、费用标准简况
1. 费用标准名称：

2. 对建筑安装工程费用组成的规定：

3. 投标报价计价程序的有关规定：</td></tr>
<tr><td rowspan="2">学习反思</td><td>遇到问题</td><td></td></tr>
<tr><td>解决方法</td><td></td></tr>
</table>

1.1.2 知识与技能

1. 知识点——我们要计算什么？（工程造价的概念及组成）

工程造价的组成

广义工程造价是指建设工程从项目建设之初到项目竣工投产这一全过程所耗费的费用之和，是形成固定资产的全部投资。包括建筑安装工程费、设备及工器具购置费、工程建设其他费、预备费和建设期利息等，如图1.1–1所示。

- 工程造价（固定资产投资）
  - 建设投资
    - 工程费用
      - 建筑安装工程费
      - 设备及工器具购置费
    - 工程建设其他费用
      - 建设用地费
      - 与项目建设有关的其他费用
      - 与未来生产经营有关的其他费用
    - 预备费
      - 基本预备费
      - 价差预备费
  - 建设期利息

图1.1–1　广义工程造价的构成

狭义的工程造价是指建筑市场的交易价格，也就是我们常说的预算造价，如图1.1–2所示。

- 建筑安装工程费
  - 按照费用构成要素划分
    - 人工费
    - 材料费
    - 施工机具使用费
    - 企业管理费
    - 利润
    - 规费
    - 税金
  - 按照造价形成划分
    - 分部分项工程费
    - 措施项目费
    - 其他项目费

建筑安装工程费用项目按费用构成要素组成

建筑安装工程费按工程造价形成的组成

图1.1–2　建筑安装工程费用的组成

2. 知识点——我们怎么计算？（安装工程造价计价原理）

如何计算工程造价

住房和城乡建设部印发的《工程造价改革工作方案》明确：大力推行清单计量、市场询价、自主报价、竞争定价的工程计价方式，进一步完善工程造价市场形成机制，推行施工过程结算。按照这一指导思想，我们来讨论工程造价的计价基本原理。

安装工程造价计价原理公式：

建筑安装工程费=∑（子目工程量×子目单价）

式中　子目工程量——定额子目工程量或清单项目工程量；

子目单价——工料单价或综合单价。

我们不难发现，影响建筑安装工程费的主要因素有两个，即基本构成要素的子目工程量和单位价格。因此，计算安装工程造价的工作过程就是进行工程计量和工程计价。

（1）工程计量

工程计量可以进一步细化为工程项目列项和工程量计算两个过程。

1）工程项目列项。编制施工图预算时，根据工程内容和工程定额子目顺序列出需计算工程量的分部分项工程项目；编制工程量清单时，按照清单工程量计算规范规定的清单项目列项。

2）工程量计算。依据项目列项和工程量计算规则，列式计算工程量。当前，计算规则有工程定额计算规则和工程量计算规范计算规则两种。

（2）工程计价

工程计价活动也称作工程组价，重点在于单价的确定，进而汇总形成工程总价。

工程子目单价根据组成内容的差异，可分为工料单价和综合单价两种。

1）工料单价。工料单价包括人工费、材料费、施工机具使用费三项内容，由人工消耗量、材料消耗量、施工机具台班消耗量乘以其相应的单位价格得到。

工料单价计算公式：

工料单价=∑（人、材、机消耗量×人、材、机单价）

2）综合单价。可分为清单综合单价（也称不完全综合单价）和全费用综合单价（也称完全综合单价）。清单综合单价包括人工费、材料费、施工机具使用费、管理费、利润及一定的风险因素，全费用综合单价包括人工费、材料费、施工机具使用费、管理费、利润、规费和税金七项费用。综合单价的计算方法我们后面重点讲述。

3．知识点——我们计算的依据是什么？

（1）国家标准

1）《通用安装工程工程量计算规范》GB 50856—2013

《通用安装工程工程量计算规范》GB 50856—2013（简称《计量规范》）的目的是进一步规范通用安装工程造价计价行为、统一工程量计算规则和工程量清单编制方法。

适用于工业、民用、公共设施建设安装工程的计量和工程量清单编制。《计量规范》详细规定了适用范围、工程量计算的依据、工程量表述的有效位数、每个计算项目所包含的工作内容、标准间的界限范围与划分等，工程量清单编制的依据、方法，以及分部分项工程项目的项目编码、项目名称、项目特征、工程量计算规则、计量单位及工作内容。

2)《建设工程工程量清单计价规范》GB 50500—2013

《建设工程工程量清单计价规范》GB 50500—2013（简称《计价规范》）适用于建设工程发承包及实施阶段的计价活动。《计价规范》详细规定了工程量清单计价的有关术语、一般规定、工程量清单编制、招标控制价、投标报价、工程计量、合同价款调整、合同价款期中支付、竣工结算与支付等内容。

（2）工程定额

安装工程定额体系

工程定额是指国家、地方或行业工程造价主管部门制定发布的定额，包括工程消耗量定额和工程计价定额。工程消耗量定额是完成规定计量单位分部分项工程所需的人工、材料、施工机械台班的消耗量标准；工程计价定额是完成规定计量单位分部分项工程所需的人工、材料、施工机械台班等的价格标准，包括预算定额、概算定额、概算指标和投资估算指标等。

1）通用安装工程消耗量定额

全国统一《通用安装工程消耗量定额》（简称《消耗量定额》）是完成规定计量单位分部分项工程所需的人工、材料、施工机械台班的消耗量标准，是各地区、部门工程造价管理机构编制建设工程定额确定消耗量、编制国有投资工程投资估算、设计概算、最高投标限价的依据，共分十二册。

第四册《电气设备安装工程》消耗量定额适用于工业与民用电压等级小于或等于10kV变配电设备及线路安装、车间动力电气设备及电气照明器具、防雷及接地装置安装、配管配线、电梯电气装置、电气调整试验等安装工程。

第五册《建筑智能化工程》消耗量定额适用于智能大厦、智能小区项目中智能化系统安装调试工程。主要包括计算机及网络系统工程、综合布线系统工程、建筑设备自动化系统工程、有线电视和卫星接收系统工程、音频和视频系统工程、安全防范系统、智能建筑设备防雷接地工程。

第九册《消防安装工程》消耗量定额适用于火灾自动报警系统。

2）通用安装工程计价定额

通用安装工程计价定额通常是各省、自治区、直辖市住房和城乡建设主管部门在国家规范、消耗量定额的基础上，按正常施工条件，合理的施工机械配备、施工中常用的施工方法、施工工艺和劳动力组织以及合理的施工工期编制的，进一步测算出人材机等消耗量的价格。通常会对项目设置、计量单位、计算规则进行必要的补充和完善。按照《工程造价改革工作方案》精神，逐步停止发布预算定额，鼓励市场询价、自主报价、竞争定价。

3）企业定额

企业定额是指施工企业根据自身的施工技术、机械装备、管理水平等编制的人工、材料、机械台班等的消耗量标准。企业定额是施工企业综合实力的体现，其定额水平应高于国家现行定额，是企业进行生产管理、工程量清单计价模式下投标报价的依据，在企业内部使用。因很多施工企业都没有自己的企业定额，在投标报价时往往使用国家定额并进行调整。

2020年7月，住房和城乡建设部印发了《工程造价改革工作方案》，明确指出推行清单计量、市场询价、自主报价、竞争定价的工程计价方式，进一步完善工程造价市场形成机制。取消最高投标限价按定额计价的规定，逐步停止发布预算定额。搭建市场价格信息发布平台，统一信息发布标准和规则，鼓励企事业单位通过信息平台发布各自的人工、材料、机械台班市场价格信息，供市场主体选择。加快建立国有资金投资的工程造价数据库，按地区、工程类型、建筑结构等分类发布人工、材料、项目等造价指标指数，利用大数据、人工智能等信息化技术为概预算编制提供依据。加快推进工程总承包和全过程工程咨询，综合运用造价指标指数和市场价格信息，控制设计限额、建造标准、合同价格。这将是工程造价形成机制的重大变革，以往的工程造价形成过程将发生重大改变，对工程造价从业人员的综合能力和素养提出了更高的要求。

（3）费用标准

费用标准也是地区计价文件之一。费用标准文件进一步明确了建设工程费用组成、各项费用的计算及调整方法、费率、计价程序等，费用标准中的各项费用均不包含增值税可抵扣进项税额。

（4）市场价格信息

市场价格信息是工程造价管理部门、企事业单位通过信息平台发布各自的人工、材料、机械台班市场价格信息及造价指标指数，供市场主体选择。

4. 知识点——预算定额的概念与作用

预算定额是指在合理的施工组织设计、正常施工条件下，完成单位（含扩大单位）合格产品（分项工程和结构构件），所必须消耗的人工、材料、施工机械台班的数量标准和费用标准，可分为消耗量定额和计价定额。它是工程建设的技术经济文件，是编制施工图预算的主要依据，也是确定和控制工程造价的基础。

预算定额的用途和作用：

（1）预算定额是编制施工图预算、确定建筑安装工程造价的基础；

（2）预算定额是合理编制招标控制价（最高投标限价）、投标报价的基础；

（3）预算定额是拨付工程款进行工程竣工结算的依据；

（4）预算定额是编制施工组织设计的依据；

（5）预算定额是施工单位进行经济活动分析，实行经济核算的依据；

（6）预算定额是编制概算定额的基础；

（7）预算定额是调解处理工程造价纠纷、鉴定工程造价的依据。

为加快转变政府职能，优化概算定额、估算指标发布和动态管理，取消最高投标限价按定额计价的规定，将逐步停止发布预算定额。

5. 知识点——预算定额的组成

预算定额的具体组成见表1.1–1。

预算定额的组成及内容　　表1.1–1

项目	内容
总说明	介绍关于定额的主要内容、适用范围、编制依据、适用条件、作用以及定额中人工工日消耗量、材料消耗量和施工机械台班消耗量的确定方法及有关规定等
册说明	主要介绍该册定额的适用范围、编制依据、适合条件、工作内容及有关规定和定额的使用方法和注意事项等
章节说明	介绍本章定额的适用范围、内容以及有关定额系数的规定等
计算规则	是符合定额计价的工程量计算规则，比计算规范工程量计算规则更详细，是组价的基础
定额项目表	是每篇安装定额的核心内容。其中包括：分节工作内容、各分项定额的人工、材料和机械台班消耗量指标以及定额基价、未计价材料等内容，如图1.1–3所示
附录	一般置于各篇定额表的后面，其内容主要有材料、元件等重量表、配合比表、损耗率表以及选用的一些价格表等

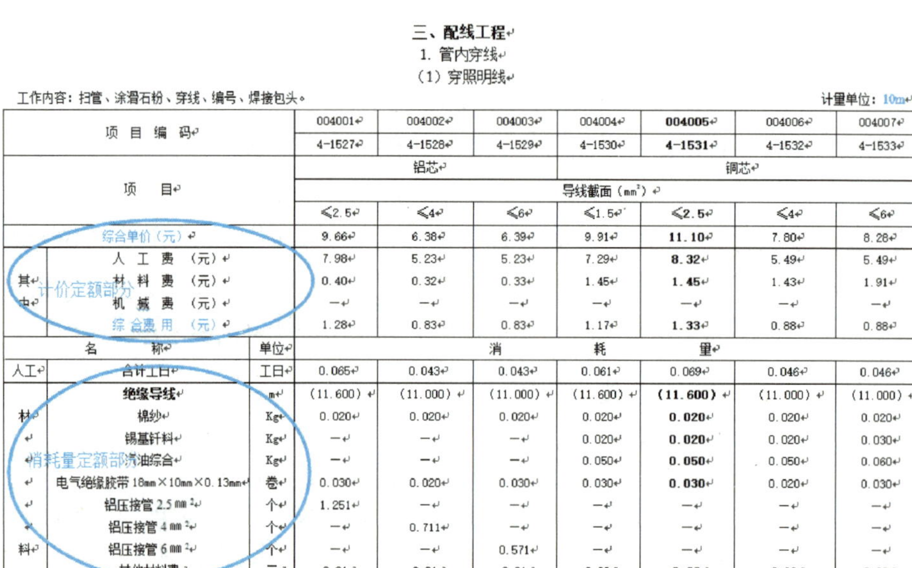
三、配线工程

1. 管内穿线

（1）穿照明线

工作内容：扫管、涂滑石粉、穿线、编号、焊接包头。　　计量单位：10m

项目编码			004001	004002	004003	004004	**004005**	004006	004007
			4-1527	4-1528	4-1529	4-1530	**4-1531**	4-1532	4-1533
项目			铝芯			铜芯			
			导线截面（mm²）						
			≤2.5	≤4	≤6	≤1.5	**≤2.5**	≤4	≤6
综合单价（元）			9.66	6.38	6.39	9.91	**11.10**	7.80	8.28
其中	人工费（元）		7.98	5.23	5.23	7.29	**8.32**	5.49	5.49
	材料费（元）		0.40	0.32	0.33	1.45	**1.45**	1.43	1.91
	机械费（元）		—	—	—	—	—	—	—
	综合费用（元）		1.28	0.83	0.83	1.17	**1.33**	0.88	0.88
名称		单位	消耗量						
人工	合计工日	工日	0.065	0.043	0.043	0.061	0.069	0.046	0.046
材料	**绝缘导线**	m	(11.600)	(11.000)	(11.000)	(11.600)	**(11.600)**	(11.000)	(11.000)
	棉纱	Kg	0.020	0.020	0.020	0.020	**0.020**	0.020	0.020
	锡基钎料	Kg	—	—	—	0.020	**0.020**	0.020	0.030
	汽油综合	Kg	—	—	—	0.050	**0.050**	0.050	0.060
	电气绝缘胶带 18mm×10mm×0.13mm	卷	0.030	0.020	0.030	0.030	**0.030**	0.020	0.030
	铝压接管 2.5mm²	个	1.251	—	—	—	—	—	—
	铝压接管 4mm²	个	—	0.711	—	—	—	—	—
	铝压接管 6mm²	个	—	—	0.571	—	—	—	—
	其他材料费	元	0.01	0.01	0.01	0.03	**0.03**	0.03	0.03

图1.1–3　定额项目表的构成

1.1.3 问题思考

一、单选题

1. 建设项目的造价是指项目总投资中的（　　）。

A. 固定资产与流动资产投资之和　　B. 建筑安装工程投资

C. 建筑安装工程费与设备费之和　　D. 固定资产投资总额

2. 下列费用中属于按照费用构成要素构成工程造价的是（　　）。

A. 分部分项工程费　　B. 措施项目费　　C. 机械费　　D. 其他项目费

3.（　　）价格仅包括人工费、材料费、施工机具使用费三项内容。

A. 分部分项工程费　　B. 综合单价　　C. 工料单价　　D. 其他项目费

二、多选题

1. 广义的工程造价包括（　　）和固定资产投资方向调节税等。

A. 建筑安装工程费　　B. 设备及工器具购置费　　C. 工程建设其他费

D. 预备费　　E. 建设期利息

2. 下列费用构成分部分项工程费、措施项目费的有（　　）。

A. 人工费　　B. 材料费　　C. 机械费　　D. 管理费和利润

E. 规费和税金

3. 工程造价的工作过程大体上可包括（　　）。

A. 工程列项　　B. 工程量计算　　C. 清单计量　　D. 组价

E. 管理费和利润

1.1.4 拓展知识

资源名称	国家级专业教学资源库 课程使用操作流程	工程造价改革 工作方案	建筑安装工程 费用项目组成的通知
资源类型	文档	文档	文档
资源 二维码			

任务 1.2 认识安装工程计量与工程量清单

1.2.1 学生任务单

任务名称	认识安装工程计量与工程量清单		
学生姓名		班级学号	
同组成员			
任务角色	□编制人员	□复核人员	

任务卡	任务内容	应用现行国家标准，说出项目编码030502005001的含义，并写出该清单项目名称、工程量计算规则、工作内容、项目特征需描述的主要内容
	需提交成果	说明书
任务准备	依据	
任务实施	**说明书**	
	1. 项目编码含义： 2. 项目名称： 3. 工程量计算规则： 4. 工作内容： 5. 项目特征描述要求：	
学习反思	遇到问题	
	解决方法	

1.2.2 知识与技能

1. 知识点——工程计量的有关规定

工程量计算的概念

（1）工程量计算（简称工程计量）的含义

工程计量是指建设工程项目以工程设计图纸、施工组织设计或施工方案及有关技术经济文件为依据，按照相关工程国家标准的计算规则、计量单位等规定，进行工程数量的计算活动。

（2）工程量计算的依据

1）计算规范规定的工程量计算规则等规定；

2）经审定通过的施工设计图纸及其说明；

3）经审定通过的施工组织设计或施工方案；

4）经审定通过的其他有关技术经济文件；

5）工程实施过程中的计量，应按照现行国家标准的相关规定执行。

（3）工程计量时每一项目汇总的有效位数规定：

1）以“t”为单位，应保留小数点后三位数字，第四位小数四舍五入；

2）以“m”“m^2”“m^3”“kg”为单位，应保留小数点后两位数字，第三位小数四舍五入；

3）以“台”“个”“件”“套”“根”“组”“系统”等为单位，应取整数。

2. 知识点——工程量清单的概念、编制依据和编制步骤

工程量清单的含义、编制依据和步骤见表1.2-1。

工程量清单与编制依据

工程量清单的含义　　表1.2-1

<table>
<tr><td rowspan="2">概念</td><td colspan="2">工程量清单（Bills of Quantities，简称BQ单）</td></tr>
<tr><td colspan="2">是载明建设工程分部分项工程项目、措施项目、其他项目的名称和相应数量以及规费、税金项目等内容的明细清单</td></tr>
<tr><td>构成</td><td colspan="2">（1）分部分项工程项目清单；
（2）措施项目清单；
（3）其他项目清单；
（4）规费和税金项目清单</td></tr>
<tr><td colspan="3">种　类</td></tr>
<tr><td>类型</td><td>招标工程量清单</td><td>已标价工程量清单</td></tr>
<tr><td>含义</td><td>（1）是指招标人依据国家标准、招标文件、设计文件以及施工现场实际情况编制的，随招标文件发布供投标报价的工程量清单，包括其说明和表格；
（2）招标工程量清单必须作为招标文件的组成部分；
（3）其准确性和完整性应由招标人负责</td><td>是指构成合同文件组成部分的投标文件中已标明价格，经算术性错误修正（如有）且承包人已确认的工程量清单，包括其说明和表格</td></tr>
</table>

续表

作用	是工程量清单计价的基础，是编制招标控制价、投标报价、计算或调整工程量、索赔等的依据	是合同管理的依据
编制人	应由具有编制能力的招标人或受其委托、具有相应资质的工程造价咨询人进行编制	由投标人进行投标报价
编制依据	（1）计量与计价国家标准； （2）国家或省级、行业建设主管部门颁发的计价定额和办法； （3）建设工程设计文件及相关资料； （4）与建设工程有关的标准、规范、技术资料； （5）拟定的招标文件； （6）施工现场情况、地勘水文资料、工程特点及常规施工方案； （7）其他相关资料	（1）计价相关的国家标准； （2）国家或省级、行业建设主管部门颁发的计价办法； （3）企业定额，国家或省级、行业建设主管部门颁发的计价定额； （4）招标文件、招标工程量清单及有其补充通知、答疑纪要； （5）建设工程设计文件及相关资料； （6）施工现场情况、工程特点及投标时拟定的施工组织设计或施工方案； （7）与建设项目相关的标准、规范等技术资料； （8）市场价格信息或工程造价管理机构发布的工程造价信息； （9）其他的相关资料
编制步骤	（1）熟悉工程情况及图纸等； （2）进行工程量计算； （3）对分部分项工程量进行汇总，编制分部分项工程项目清单； （4）编制措施项目清单、其他项目清单及规费和税金项目清单等； （5）编写总说明	按照招标工程量清单填报价格

3. 知识点——工程量清单项目编码规则

工程量清单项目编码规则见表1.2-2。

工程量清单项目
编码与特征

工程量清单项目编码规则　　表1.2-2

表示方式	十二位阿拉伯数字		
数位	含义	举例	说明
一、二位	专业工程代码	03—通用安装工程	依据计算规范附录规定或地区计价文件规定
三、四位	附录分类顺序码	04—附录D电气设备安装工程	
五、六位	分部工程顺序码	11—配管、配线	
七、八、九位	分项工程项目名称顺序码	004—配线	

续表

表示方式	十二位阿拉伯数字		
数位	含义	举例	说明
十~十二位	清单项目名称顺序码	001—BV2.5绝缘导线管内穿线	(1)自001起顺序编码; (2)不得重码; (3)一些地区一个清单项目对应一个定额项目,编码固定

4. 知识点——工程量清单项目特征描述方法

工程量清单项目特征应按计算规范附录中规定的项目特征,结合拟建工程项目的实际予以描述。项目特征是确定清单项目综合单价的重要依据,描述必须准确和全面。

为了规范、简洁、准确全面地描述工程量清单项目特征,应按下列原则进行:

(1)清单项目特征描述的内容,应按《通用安装工程工程量计算规范》GB 50856—2013附录中有关规定,结合拟建工程的实际,能够满足确定综合单价的需要。

(2)若采用标准图集或施工图纸能够全部或部分满足项目特征描述要求,项目特征描述可直接采用"详见××图集或××图号"的方式。对不能满足项目特征描述要求部分,仍应用文字描述。

说明:如某一项目安装高度超过了计算规范规定的基本高度时,需要在"项目特征"中描述。

5. 技能点——分部分项工程量清单编制方法

分部分项工程量
清单编制方法

分部分项工程:是单项或单位工程的组成部分,是按结构部位、路段长度及施工特点或施工任务将单项或单位工程划分为若干分部的工程;分项工程是分部工程的组成部分,是按不同施工方法、材料、工序及路段长度等将分部工程划分为若干个分项或项目的工程。

分部分项工程项目清单必须载明项目编码、项目名称、项目特征、计量单位和工程量五项内容,见表1.2–3。项目名称依据计算规范中清单项目设置表中的名称,并结合工程实际具体确定。

分部分项工程和单价措施项目清单与计价表　　表1.2–3

工程名称:　　　　标段:　　　　第　页共　页

序号	项目编码	项目名称	项目特征描述	计量单位	工程数量	金额(元)			
						综合单价	合价	其中	其中
								暂估价	人工费+机械费
本页小计									

1.2.3 问题思考

一、单选题

1. 依据《通用安装工程工程量计算规范》GB 50856的规定，“电气设备安装工程”的编码为（ ）。

A. 0301　　B. 0304　　C. 0305　　D. 0310

2. 依据《通用安装工程工程量计算规范》GB 50856，项目安装高度若超过基本安装高度时，应在“项目特征”中描述。对于附录D电气设备安装工程，其基本安装高度为（ ）m。

A. 3.6　　B. 5　　C. 6　　D. 10

3. 依据《通用安装工程工程量计算规范》GB 50856的规定，项目编码设置中的第四级编码的数字位数及表示含义为（ ）。

A. 2位数，表示各分部工程顺序码　　B. 2位数，表示各分项工程顺序码

C. 3位数，表示各分部工程顺序码　　D. 3位数，表示各分项工程顺序码

4. 根据《建设工程工程量清单计价规范》GB 50500，下列关于工程量清单项目编码说法中正确的是（ ）。

A. 第三级编码为分部工程顺序码，由三位数字表示

B. 第五级编码应根据拟建工程的工程量清单项目名称设置，不得重码

C. 同一标段含有多个单位工程，不同单位工程中项目特征相同的工程应采用相同编码

D. 补充项目编码以“B”加上计量规范代码后跟三位数字表示

二、多选题

1. 根据《建设工程工程量清单计价规范》GB 50500，关于分部分项工程项目清单的编制，下列说法中正确的有（ ）。

A. 项目编码应按照计算规范附录给定的编码

B. 项目名称应按照计算规范附录给定的名称

C. 项目特征描述应满足确定综合单价的需要

D. 补充项目应有两个或两个以上的计量单位

E. 工程量计算应按一定顺序依次进行

2. 根据《建设工程工程量清单计价规范》GB 50500，关于分部分项工程量清单的编制，下列说法中正确的有（ ）。

A. 以重量计算的项目，其计量单位应为“t”或“kg”

B. 以“t”为计量单位时，其计算结果应保留三位小数

C. 以“m^3”为计量单位时，其计算结果应保留三位小数

D. 以“kg”为计量单位时，其计算结果应保留一位小数

E. 以“个”“项”为计量单位时，其计算结果应取整数

三、思考题

常见建筑电气照明安装工程在计量时，通常需要计算哪些工程量？你所在地区的计算依据有哪些？试着举例说说。

1.2.4 拓展知识

资源名称	工程量清单计价的常用术语	常用的网站	工程量计算步骤	造价工程师岗位职责
资源类型	文档	文档	文档	视频
资源二维码				

任务 1.3 工程组价的基本方法

1.3.1 学生任务单

任务名称	工程组价的基本方法		
学生姓名		班级学号	
同组成员			
任务角色	□编制人员 □复核人员		

<table>
<tr><td rowspan="2">任务卡</td><td>任务内容</td><td colspan="3">已知某照明工程BV–4管内穿线工程量为50.43m，试着使用手头的计价定额（或教材参考计价依据），计算该照明工程管内穿线项目的人工费、材料费、机械费等建筑安装工程费用，并计算其综合单价</td></tr>
<tr><td>需提交成果</td><td colspan="3">建筑安装工程费用计算表、综合单价计算表</td></tr>
<tr><td>任务准备</td><td>计算要点描述</td><td colspan="3"></td></tr>
<tr><td rowspan="3">任务实施</td><td colspan="4">建筑安装工程费用计算表</td></tr>
<tr><td>定额编号</td><td>项目名称</td><td>计算过程</td><td>金额（元）</td></tr>
<tr><td></td><td></td><td></td><td></td></tr>
</table>

续表

<table>
<tr><td rowspan="15">任务实施</td><td colspan="12">工程量清单综合单价分析表</td></tr>
<tr><td>项目编码</td><td colspan="2"></td><td>项目名称</td><td colspan="3"></td><td colspan="2">计量单位</td><td></td><td>工程量</td><td></td></tr>
<tr><td colspan="12">清单综合单价组成明细</td></tr>
<tr><td rowspan="2">定额编号</td><td rowspan="2">定额名称</td><td rowspan="2">定额单位</td><td rowspan="2">数量</td><td colspan="4">单价（元）</td><td colspan="4">合价（元）</td></tr>
<tr><td>人工费</td><td>材料费</td><td>机械费</td><td>管理费和利润</td><td>人工费</td><td>材料费</td><td>机械费</td><td>管理费和利润</td></tr>
<tr><td></td><td></td><td></td><td></td><td></td><td></td><td></td><td></td><td></td><td></td><td></td><td></td></tr>
<tr><td></td><td></td><td></td><td></td><td></td><td></td><td></td><td></td><td></td><td></td><td></td><td></td></tr>
<tr><td colspan="2">人工单价</td><td colspan="6">小计</td><td></td><td></td><td></td><td></td></tr>
<tr><td colspan="2">元/工日</td><td colspan="6">未计价材料费</td><td colspan="4"></td></tr>
<tr><td colspan="8">清单项目综合单价</td><td colspan="4"></td></tr>
<tr><td colspan="2" rowspan="5">材料费明细</td><td colspan="4">主要材料名称、规格、型号</td><td>单位</td><td>数量</td><td>单价（元）</td><td>合价（元）</td><td>暂估单价（元）</td><td>暂估合价（元）</td></tr>
<tr><td colspan="4"></td><td></td><td></td><td></td><td></td><td></td><td></td></tr>
<tr><td colspan="4"></td><td></td><td></td><td></td><td></td><td></td><td></td></tr>
<tr><td colspan="6">其他材料费</td><td>—</td><td></td><td>—</td><td></td></tr>
<tr><td colspan="6">材料费小计</td><td>—</td><td></td><td>—</td><td></td></tr>
</table>

<table>
<tr><td rowspan="2">学习反思</td><td>遇到问题</td><td colspan="6"></td></tr>
<tr><td>解决方法</td><td colspan="6"></td></tr>
<tr><td rowspan="6">过程评价</td><td rowspan="2">自我评价（5分）</td><td>课前学习</td><td>时间观念</td><td>实施方法</td><td>职业素养</td><td>成果质量</td><td>分值</td></tr>
<tr><td></td><td></td><td></td><td></td><td></td><td></td></tr>
<tr><td rowspan="2">小组评价（5分）</td><td>任务承担</td><td>时间观念</td><td>团队合作</td><td>能力素养</td><td>成果质量</td><td>分值</td></tr>
<tr><td></td><td></td><td></td><td></td><td></td><td></td></tr>
<tr><td>综合打分</td><td colspan="6">自我评价分值+小组评价分值：</td></tr>
<tr><td>教师总评</td><td colspan="6">签名：</td></tr>
</table>

1.3.2 知识与技能

1．知识点——工程计价模式

安装工程造价计价的模式可分为定额计价和工程量清单计价两种，随着计价定额基价的范围扩大，目前两种计价模式的差异越来越小，两种计价模式的比较详见表1.3–1。

安装工程造价计价模式比较　　表1.3–1

计价模式	定额计价	工程量清单计价
工程量计算依据	《通用安装工程消耗量定额》及各地区定额工程量计算规则	国家标准工程量计算规则（个别项目由多个定额子目构成）
单位价格组成	定额基价，由各分项工程的人工费、材料费、机械费等组成	综合单价，由人工费、材料费、机械费、管理费与利润，以及一定范围内的风险费用构成
计算公式	工程造价=分部分项工程费+措施项目费+其他项目费+规费、税金 分部分项工程费=Σ（分部分项工程量×定额基价）+主材费+价差 其他费用按照计价规定	工程造价=分部分项工程费+措施项目费+其他项目费+规费、税金 分部分项工程费=Σ（分部分项工程量×综合单价） 其他费用按照计价规定
定额应用	套用计价定额，严格执行计价定额及其调整的相关规定	套用企业定额；当施工企业在使用计价定额时除不可竞争费用外，其余仅作参考，由施工企业投标时自主报价

2．知识点——全过程工程计价活动比较

所谓工程计价是指计算建设工程项目工程造价的过程，即计算招标控制价、投标价、签约合同价、预付款、进度款、合同价款调整、竣工结算价等活动，见表1.3–2。

各计价活动比较　　表1.3–2

计价活动	编制人（执行人）	计价依据	内容及要求
招标控制价	具有编制能力的招标人或受其委托具有相应资质的工程造价咨询人	（1）计价相关的国家标准。 （2）国家或省级、行业建设主管部门颁发的计价定额和计价办法。 （3）建设工程设计文件及相关资料。 （4）拟定的招标文件及招标工程量清单。 （5）与建设项目相关的标准、规定、技术资料。 （6）施工现场情况、工程特点及常规施工方案。 （7）工程造价管理机构发布的工程造价信息，当工程造价信息没有发布时，参照市场价。 （8）其他的相关资料	（1）招标工程的最高投标限价。 （2）招标控制价不应上浮或下浮。 （3）国有资金投资的建设工程招标，招标人必须编制招标控制价。 （4）招标控制价不是以前意义上的标底，不需要保密，同招标文件同时发布

续表

计价活动	编制人（执行人）	计价依据	内容及要求
投标价	具有编制能力的投标人或受其委托具有相应资质的工程造价咨询人	（1）计价相关的国家标准。 （2）国家或省级、行业建设主管部门颁发的计价办法。 （3）企业定额，国家或省级、行业建设主管部门颁发的计价定额。 （4）拟定的招标文件、招标工程量清单及其补充通知、答疑纪要。 （5）建设工程设计文件及相关资料。 （6）施工现场情况、工程特点及投标时拟定的施工组织设计或施工方案。 （7）与建设项目相关的标准、规范等技术资料。 （8）市场价格信息或工程造价管理机构发布的工程造价信息。 （9）其他的相关资料	响应招标文件要求，所报出的对已标价工程量清单汇总后标明的总价。 所谓响应就是投标人必须按照招标工程量清单填报价格，项目编码、项目名称、项目特征、计量单位、工程量必须与招标工程量清单一致，不能擅自修改
签约合同价（合同价款）	发承包双方	计价相关的国家标准、招标文件、中标人的投标文件、合同示范文本等	在工程合同中约定的工程造价，即包括了分部分项工程费、措施项目费、其他项目费、规费和税金的合同总金额。 ※实行工程量清单计价工程，应采用单价合同；施工图预算，可采用总价合同
预付款	承包人申请、发包人确认	计价相关的国家标准 包工包料工程的预付款的支付比例不得低于签约合同价（扣除暂列金额）的10%，不宜高于签约合同价（扣除暂列金额）的30%	在开工前，发包人按照合同约定，预先支付给承包人用于购买合同工程施工所需的材料、工程设备，以及组织施工机械和人员进场等的款项
进度款	承包人申请、发包人确认	计价相关的国家标准 进度款的支付比例按照合同约定，按期中结算价款总额计，不低于60%，不高于90%	在合同工程施工过程中，发包人按照合同约定对付款周期内承包人完成的合同价款给予支付的款项，也是合同价款期中结算支付
合同价款调整	调增：承包人申请、发包人确认 调减：发包人申请、承包人确认	计价相关的国家标准	在合同价款调整因素出现后，发承包双方根据合同约定，对合同价款进行变动的提出、计算和确认
竣工结算价	承包人或受其委托具有相应资质工程造价咨询人	依据国家有关法律、法规和标准规定，包括在履行合同过程中按合同约定进行的合同价款调整	承包人按合同约定完成了全部承包工作后，发包人应付给承包人的合同金额

3. 技能点——人工费计算方法

直接工程费计算方法

（1）人工费的构成

人工费是指按工资总额构成规定，支付给从事建筑安装工程施工的生产工人和附属生产单位工人的各项费用。内容包括：

1）计时工资或计件工资：是指按计时工资标准和工作时间或对已做工作按计件单价支付给个人的劳动报酬。

2）奖金：是指对超额劳动和增收节支支付给个人的劳动报酬。

3）津贴补贴：是指为了补偿职工特殊或额外的劳动消耗和因其他特殊原因支付给个人的津贴，以及为了保证职工工资水平不受物价影响支付给个人的物价补贴。如流动施工津贴、特殊地区施工津贴、高温（寒）作业临时津贴、高空津贴等。

4）加班加点工资：是指按规定支付的在法定节假日工作的加班工资和在法定日工作时间外延时工作的加点工资。

5）特殊情况下支付的工资：是指根据国家法律、法规和政策规定，因病、工伤、产假、计划生育假、婚丧假、事假、探亲假、定期休假、停工学习、执行国家或社会义务等原因按计时工资标准或计时工资标准的一定比例支付的工资。

（2）人工费的计算公式

人工费的计算公式：

$$\begin{aligned}\text{人工费} &= \Sigma（\text{工日消耗量} \times \text{日工资单价}）\\ &= \Sigma（\text{定额工日消耗量} \times \text{工程量} \times \text{日工资单价}） \quad (1.3\text{–}1)\\ &= \Sigma（\text{计价定额人工费} \times \text{工程量}） \quad (1.3\text{–}2)\end{aligned}$$

$$\text{日工资单价} = \frac{\text{生产工人平均月工资(计件、计时)} + \text{平均月(奖金} + \text{津贴补贴} + \text{特殊情况下支付的工资)}}{\text{年平均每月法定工作日}}$$

式中　日工资单价——指施工企业平均技术熟练程度的生产工人在每工作日（国家法定工作时间内）按规定从事施工作业应得的日工资总额。可从市场价格信息发布平台获取；

计价定额人工费=定额工日消耗量×日工资单价，即计价定额项目表中的人工费。

注：（1）公式（1.3–1）适用于施工企业投标报价时利用企业定额或造价数据库自主确定人工费。

（2）公式（1.3–2）适用于套用传统计价定额确定人工费。

（3）定额人工费是指计价定额项目基价（综合单价）中的人工费、按章节说明规定按系数调整的人工费以及定额中规定调整人工工日数量的人工费。

【例】已知BV2.5导线管内穿线的工程量为130m，试计算其人工费。

【解】

方法一：消耗量法

经查通用安装工程消耗量定额可知，BV2.5管内穿线项目（定额编号4-13-5）每10m单线普工人工消耗量为0.027工日、一般技工人工消耗量为0.045工日、高级技工人工消耗量为0.009工日。查询当地人工成本日工资市场价格信息可知，普工103元，一般技工160元，高级技工320元。则，

普工工日消耗量=0.027×130/10=0.351（工日）

一般技工工日消耗量=0.045×130/10=0.585（工日）

高级技工工日消耗量=0.009×130/10=0.117（工日）

人工费=0.351×103+0.585×160+0.117×320=167.19（元）

方法二：计价定额法

经查地区计价定额，如图1.1-3所示，可知该项目每10m单线人工费为8.32元。

人工费=8.32×130/10=108.16（元）

人工费调整：经查工程造价信息可知，当年第一季度建设工程人工费动态指数为22%，则调整后的人工费为：

108.16×（1+22%）=131.96（元）

说明：130/10——即是13（10m），换算成每10m的工程量，与定额人工费8.32元/10m一致。或可以换算成8.32/10（即是1m长的定额人工费）容易理解。

4．技能点——材料费的计算方法

主材费的计算方法

（1）材料费的构成

材料费是指施工过程中耗费的原材料、辅助材料、构配件、零件、半成品或成品、工程设备的费用。工程设备是指构成或计划构成永久工程一部分的机电设备、金属结构设备、仪器装置及其他类似的设备和装置。内容主要包括：

1）材料原价：是指材料、工程设备的出厂价格或商家供应价格。

2）运杂费：是指材料、工程设备自来源地运至工地仓库或指定堆放地点所发生全部费用。

3）运输损耗费：是指材料在运输装卸过程中不可避免的损耗。

4）采购及保管费：是指为组织采购、供应和保管材料、工程设备的过程中所需要的各项费用。包括采购费、仓储费、工地保管费、仓储损耗。

（2）材料费的计算公式

材料费的计算公式：

材料费=∑（材料消耗量×材料单价）

=Σ（定额材料消耗量×工程量×材料单价）（1.3-3）

=Σ（定额材料费×工程量+主材单价×主材定额含量×工程量）（1.3-4）

材料单价=［（材料原价+运杂费）×〔1+运输损耗率（%）〕］×［1+采购保管费率（%）］（1.3-5）

主材费=主材单价×主材定额含量×工程量（1.3-6）

工程设备费=Σ（工程设备量×工程设备单价）（1.3-7）

工程设备单价=（设备原价+运杂费）×［1+采购保管费率（%）］（1.3-8）

式中 定额材料消耗量——可以来自企业定额、国家定额或者地区定额；

定额材料费——计价定额子目中的“材料费”（元）；

主材单价——采用主材信息价格，可查阅当地工程造价信息网或现场询价；

主材定额含量——定额项目表材料消耗量中括号内的数字。

注：（1）公式（1.3-3）适用于施工企业投标报价时利用企业定额或造价数据库自主确定材料费。

（2）公式（1.3-4）适用于套用传统计价定额确定材料费。

定额中的材料消耗量包括施工中消耗的主要材料、辅助材料、周转材料和其他材料（或称零星材料）。

1）主要材料简称主材，也叫未计价材料，是指构成工程实体的材料，其中也包括成品、半成品材料。在安装工程中主要材料是指安装工程施工的对象，可以是设备、也可以是施工材料。定额项目表括号内的材料表示主要材料，定额材料费及基价中不包括其价格，应根据括号内所列的用量，按各地信息价格计算。绝大多数设备在定额中不列出，或者在表下注出。

2）辅助材料是指工程施工过程中所必须使用的少量材料。

3）其他材料是用量少、低值易耗的零星材料，通常以“元”表示。

4）定额中的材料消耗量包括材料净用量和损耗量。损耗量包括从工地仓库、现场集中堆放地点（或现场加工地点）至操作（或安装）地点的施工场地运输损耗、施工操作损耗、施工现场堆放损耗等，规范（设计文件）规定的预留量、搭接量不在损耗率中考虑。

5）在计价定额项目表中，安装工程定额材料费由辅助材料费、周转性材料费和其他材料费构成，材料单价均为不含增值税的税前价格。

5．技能点——机械费的计算方法

施工机具使用费是指施工作业所发生的施工机械、仪器仪表使用费或其租赁费。内容包括：

（1）施工机械使用费：以施工机械台班耗用量乘以施工机械台班单价表示，施工机械台班单价应由下列七项费用组成：

1）折旧费：指施工机械在规定的使用年限内，陆续收回其原值的费用。

2）大修理费：指施工机械按规定的大修理间隔台班进行必要的大修理，以恢复其正常功能所需的费用。

3）经常修理费：指施工机械除大修理以外的各级保养和临时故障排除所需的费用。包括为保障机械正常运转所需替换设备与随机配备工具附具的摊销和维护费用，机械运转中日常保养所需润滑与擦拭的材料费用及机械停滞期间的维护和保养费用等。

4）安拆费及场外运费：安拆费指施工机械（大型机械除外）在现场进行安装与拆卸所需的人工、材料、机械和试运转费用以及机械辅助设施的折旧、搭设、拆除等费用；场外运费指施工机械整体或分体自停放地点运至施工现场或由某一施工地点运至另一施工地点的运输、装卸、辅助材料及架线等费用。

5）人工费：指机上司机（司炉）和其他操作人员的人工费。

6）燃料动力费：指施工机械在运转作业中所消耗的各种燃料及水、电等。

7）税费：指施工机械按照国家规定应缴纳的车船使用税、保险费及年检费等。

（2）仪器仪表使用费：是指工程施工所需使用的仪器仪表的摊销及维修费用。

仪器仪表使用费由其摊销费和维修费组成。

定额中的机械（仪表）是指构成固定资产的施工机械（仪器仪表）。单位价值（原值）在2000元以内、使用年限在一年以内的不构成固定资产的小型机械（仪器仪表），未列入定额机械（仪器仪表）台班消耗量中。在实际工作中，如发生使用不构成固定资产的小型机械，需要计入企业管理费项目的工具用具使用费中，其消耗的燃料动力消耗量包括在相应定额项目的材料项目内。

机械费的计算公式：

施工机械使用费=Σ（施工机械台班消耗量×台班单价）

=Σ（定额施工机械台班消耗量×工程量×台班单价） （1.3-9）

=Σ（定额机械费×工程量） （1.3-10）

式中 定额施工机械台班消耗量——可以来自企业定额、国家定额或者地区定额；

定额机械费——计价定额子目中的“机械费”（元）；

台班单价——施工企业可以参考工程造价管理机构发布的台班单价，确定施工机械使用费的报价。如租赁施工机械，机械台班单价为租赁单价。

企业管理费、利润、规费和税金的计算方法

6．技能点——企业管理费和利润的计算方法

企业管理费是指建筑安装企业组织施工生产和经营管理所需的费用。主要包括管理人员工资、办公费、差旅交通费、固定资产使用费、工具用具使用费、劳动保险和职工福利费、劳动保护费、检验试验费、工会经费、职工教育经费、财产保险费、财务费，以及企业按规定缴纳的房产税、车船使用税、土地使用税、印花税等，以及“营改增”后调整过来的城市维护建设税、教育费附加以及地方教育附加等的工程项目建设附加税费。

利润是指施工企业完成所承包工程获得的盈利。

（1）套计价定额计算企业管理费和利润（综合费用）

在一些工程造价管理较为先进的地区，最新的计价定额中除了人工费、材料费、机械费外，还增加了基于基础费率的综合费用（即企业管理费和利润）。因此，管理费和利润也能够像计算人工费一样，通过套用计价定额的方法直接计算出来，更为方便快速。但投标报价时，需要根据施工企业及工程实际自行合理确定费率。

（2）按照费用标准中的规定系数计算

企业管理费和利润的计算公式：

企业管理费、利润=取费基数×费率（%）　　（1.3–11）

式中　取费基数——可以是分部分项工程费、人工费、人工费和机械费的合计等，具体根据工程所在地费用标准文件规定执行；

费率——按照工程所在地的费用标准文件规定，施工企业根据自身实际自主确定。

【例】已知：BV2.5导线管内穿线工程人工费为45.83元、材料费为295.53元、机械费为0元。试计算其企业管理费和利润。（查工程所在地费用标准得知：通用安装工程企业管理费费率为8.5%、利润率为7.5%，取费基数均为“人工费与机械费之和”）

【解】

企业管理费=（45.83+0）×8.5%=3.90（元）

利润=（45.83+0）×7.5%=3.44（元）

7．技能点——规费和税金的计算方法

（1）规费

规费是指按国家法律、法规规定，由省级政府和省级有关权力部门规定必须缴纳或计取的费用。包括：

1）社会保险费

①养老保险费：是指企业按照规定标准为职工缴纳的基本养老保险费。

②失业保险费：是指企业按照规定标准为职工缴纳的失业保险费。

③医疗保险费：是指企业按照规定标准为职工缴纳的基本医疗保险费。

④生育保险费：是指企业按照规定标准为职工缴纳的生育保险费。

⑤工伤保险费：是指企业按照规定标准为职工缴纳的工伤保险费。

2）住房公积金：是指企业按规定标准为职工缴纳的住房公积金。

3）工程排污费：是指按规定缴纳的施工现场工程排污费。

4）其他应列而未列入的规费，按实际发生计取。

建筑安装工程规费在计价规范的基础上，参考项目所在地的省级政府或省级有关部门的规定及计价定额（费用标准）列项。

规费的计算公式：

$$规费=取费基数\times费率（\%） \quad （1.3-12）$$

式中　取费基数——可以是分部分项工程费、人工费、人工费和机械费的合计等，具体根据工程所在地费用标准文件规定执行；

费率——招标工程投标人在投标报价时，根据有权部门的规定及企业缴纳支出情况，自行确定；非招标工程在施工合同中，根据有权部门的规定及企业缴纳支出情况，约定规费费率。

（2）税金

税金是指实施“营改增”后国家税法规定应计入建筑安装工程造价的增值税销项税额。

税金的计算公式：

$$增值税税金=\sum（税前工程造价\times增值税税率） \quad （1.3-13）$$

式中　税前工程造价——人工费、材料费、施工机具使用费、企业管理费、利润和规费之和，各费用项目均不包含增值税可抵扣进项税额；

增值税税率——按财政部和国家税务总局相关规定执行，根据纳税地点现行税率计算。

增值税不得作为竞争性费用。

8．技能点——综合单价的计算方法

综合单价的计算方法

综合单价（all-in unit rate），是指完成一个规定清单项目所需的人工费、材料和工程设备费、施工机具使用费和企业管理费、利润以及一定范围内的风险费用。

风险费用（risk allowance），是指隐含于已标价工程量清单综合单价中，用于化解发承包双方在工程合同中约定内容和范围内的市场价格波动风险的费用。

综合单价的计算就是通过套定额、信息价格等，计算出综合单价分析表中所有空格内的费用，最后计算出综合单价的过程，具体计算步骤与方法见表1.3–3。综合单价的计算在软件时代已经相当便捷快速，主要集中在综合单价的分析上面。

综合单价计算步骤与方法　　表1.3–3

步骤	操作内容	备注
1	根据招标工程量清单，填写项目编码、项目名称、计量单位和工程量	使用计价软件时，选定清单项目
2	计算清单综合单价组成明细部分费用： （1）查计价定额，填写定额编号、定额名称、定额单位和数量（工程量），将计价定额上的人工费、材料费、机械费抄写进“单价”栏对应空格内。 （2）根据当地计价依据，计算（套取）管理费和利润。 （3）计算“合价”栏相应的定额人工费、材料费、机械费、管理费和利润。 （4）填写采用的人工单价。 （5）汇总计算出“合价”栏内所有定额子目的定额人工费、材料费、机械费、管理费和利润，填入“小计”对应栏内	（1）正算法：数量为1个清单单位的工程量，与清单工程量无关。例如，定额计量单位为“10m”，则数量填“0.1”。 （2）反算法：数量填写清单工程量经单位换算后的量。例如，清单工程量为130m，定额计量单位为“100m”，则数量填“1.3”。 （3）如调整定额人工单价，则用调整后的价格计算人工费。 （4）定额的子目个数：根据计算规范中清单项目设置内清单项目工作内容，结合套用的计价定额工作内容确定套用定额子目的数量
3	填写材料费明细，计算未计价材料费： （1）填写主要材料名称、规格、型号。 （2）填写实际单位和数量，数量2=数量1×定额主材含量。 （3）上工程造价信息网，查询材料信息价格（或市场价），填入“单价”栏内。 （4）计算合价，合价=单价×数量2。 （5）汇总计算出材料费小计。 （6）将材料费小计中的数值填入“未计价材料费”栏内	手工计算时，只填写未计价材料费即可，但不利于综合单价分析。 定额主材含量即是定额项目表中“(　　)”内数字。 若该清单项目为暂估价项目，则需要将单价、合价填写入暂估单价、暂估合价栏
4	计算综合单价： 综合单价=（人工费+材料费+机械费+管理费+利润+风险费用+未计价材料费）/工程量	正算法工程量为1，反算法工程量为实际数量

1.3.3 问题思考

一、单选题

1. 从甲、乙两地采购某工程材料，甲地采购量为600t，原价及运杂费为260元/t；乙地采购量为400t，原价及运杂费为240元/t。运输损耗率为1%，采购及保管费率为3%，则该工程材料的材料单价为（　　）元/t。

A. 262.08　　B. 262.16　　C. 262.42　　D. 262.50

2. 下列材料损耗中，应计入预算定额材料损耗量的是（　　）。

A. 场外运输损耗　　B. 工地仓储损耗

C. 一般性检验鉴定损耗　　D. 施工加工损耗

3. 根据现行建筑安装工程费用项目组成规定，下列有关费用表述中不正确的是（　　）。

A. 人工费是指支付给直接从事建筑安装工程施工作业的生产工人和附属生产单位工人的各项费用

B. 材料费中的材料单价由材料原价、材料运杂费、材料损耗费、采购及保管费五项组成

C. 材料费包含构成或计划构成永久工程一部分的工程设备费

D. 施工机具使用费包含仪器仪表使用费

4. 根据现行建筑安装工程费用项目组成规定，下列费用项目中，属于施工机具使用费的是（　　）。

A. 仪器仪表使用费　　B. 施工机械财产保险费

C. 大型机械进出场费　　D. 大型机械安拆费

5. 根据《建设工程工程量清单计价规范》GB 50500，关于招标控制价的编制要求，下列说法中正确的是（　　）。

A. 应依据投标人拟定的施工方案进行编制

B. 应包括招标文件中要求招标人承担风险的费用

C. 应由招标工程量清单编制单位负责编制

D. 应使用行业和地方的计价定额与相关文件计价

6. 根据《建设工程工程量清单计价规范》GB 50500，招标控制价的综合单价组价工作包括：①确定工、料、机单价；②确定所组价定额项目的名称；③计算组价定额项目的合价；④除以工程量清单项目工程量；⑤计算组价定额项目工程量。下列工作排序正确的是（　　）。

A. ②⑤①③④　　B. ①②⑤④③

C. ①②③④⑤　　D. ②③①⑤④

7. 根据《建设工程工程量清单计价规范》GB 50500，在招标文件未另有要求的情

况下，投标报价的综合单价一般要考虑的风险因素是（　　）。

A．政策法规的变化　　B．人工单价的市场变化

C．政府定价材料的价格变化　　D．管理费、利润的风险

二、多选题

1．下列费用项目中，构成施工机械台班单价的有（　　）。

A．折旧费　　B．大修理费

C．经常修理费　　D．人工费

E．燃料动力费

2．根据现行建筑安装工程费用项目组成规定，下列费用项目中，属于建筑安装工程企业管理费的有（　　）。

A．仪器仪表使用费　　B．工具用具使用费

C．建筑安装工程一切险　　D．地方教育附加费

E．劳动保险费

3．根据现行建筑安装工程费用项目组成规定，下列施工企业发生的费用中，应计入企业管理费的有（　　）。

A．建筑材料、构件一般性鉴定检查费　　B．支付给企业离休干部的经费

C．施工现场工程排污费　　D．履约担保所发生的费用

E．施工生产用仪器仪表使用费

1.3.4 拓展知识

资源名称	安装工程预算定额的基本规定	低压配电系统的组成与配电方式	利用章节系数调整定额子目工程费的方法
资源类型	视频	视频	视频
资源二维码			

项目 2
建筑电气设备安装工程计量与计价

任务2.1 配电装置及器具安装计量与计价
任务2.2 配管配线工程计量与计价
任务2.3 电缆敷设工程计量与计价
任务2.4 防雷接地装置安装工程计量与计价

【教学载体】某综合楼建筑电气设备安装工程施工图设计文件。

【教学目标】

知识目标	能力目标	素养目标
1. 了解建筑电气设备安装分部分项工程组成； 2. 熟悉建筑电气设备安装工程工程量计算规则	1. 能够依据专业技术知识对建筑电气安装工程进行计量； 2. 具有依据专业知识，编制建筑电气招标工程量清单的能力； 3. 具有依据专业知识，计算建筑电气分部分项工程综合单价的能力	1. 具备团队合作精神； 2. 执着专注，精益求精

微分享：1854年，钟表匠亨利·戈培尔用一根放在真空玻璃瓶里的碳化竹丝，制成了世界上首个有实际效用的电灯，电灯的发明大大推动了人类文明的进步。1938年荧光灯诞生，1998年白光LED灯诞生，节能省电的电灯不断创新。同学们应该以绿色环保为理念，主动探究未知，不断创新，执着专注建筑智能化。

【思维导图】

建筑电气设备安装工程计量与计价
- 配电装置及器具安装计量与计价
  - 工程项目组成常识
  - 照明与动力工程的分部分项工程
  - 配电箱（柜）安装按设计图示数量计算
  - 照明器具安装按设计图示数量计算
  - 接线盒工程量计算公式
    - 接线盒数量=灯位数量+专用接线盒数量
    - 开关盒数量=开关数量+插座数量
- 配管配线工程计量与计价
  - 电气配管工程量计算
    - 按设计图示尺寸计算
    - 不扣除管路中间接线箱、盒等所占长度
    - 计算公式：$L=L_{水平}+L_{垂直}$
  - 电气配线工程量计算
    - 按照设计图示尺寸以单线长度计算（含预留长度）
    - 配线进入箱、柜、板的预留长度规定
    - 管内穿线单线长度=（配管长度+规定的预留长度）×同型号导线根数
- 电缆敷设工程计量与计价
  - 电缆沟挖填按设计图示立方米计算
  - 建（构）筑物室内敷设电缆保护管按照配管配线工程项目列项计算
  - 电缆桥架安装按照设计图示尺寸以长度计算
  - 电缆敷设按设计图示尺寸以长度计算（含预留长度及附加长度）
  - 电缆头制作安装工程量计算规则
- 防雷接地装置安装工程计量与计价
  - 接闪器安装按照设计图示数量计算
  - 防雷引下线安装按照设计图示尺寸计算
  - 接地装置安装按照设计图示数量计算
    - 人工接地极
    - 利用桩基础下桩承台接地
    - 接地母线按长度计算
    - 利用基础梁钢筋接地按照均压环项目计算

任务 2.1 配电装置及器具安装计量与计价

2.1.1 学生任务单

<table>
<tr><td>任务名称</td><td colspan="3">配电装置及器具安装计量与计价</td></tr>
<tr><td>学生姓名</td><td></td><td>班级学号</td><td></td></tr>
<tr><td>同组成员</td><td colspan="3"></td></tr>
<tr><td>任务角色</td><td colspan="3">□编制人员　□复核人员</td></tr>
</table>

<table>
<tr><td rowspan="2">任务卡</td><td>任务内容</td><td colspan="8">识读【任务图片】，结合教学载体施工图纸信息，快速、准确计算出控制设备、低压电器与照明器具的工程量，编制出指定项目的分部分项工程量清单，并编制综合单价分析表
变电所照明平面图</td></tr>
<tr><td>需提交成果</td><td colspan="8">1. 工程量计算表；
2. 分部分项工程和单价措施项目清单与计价表；
3. 综合单价分析表</td></tr>
<tr><td>任务准备</td><td>工程量计算规则</td><td colspan="8"></td></tr>
<tr><td rowspan="12">任务实施</td><td colspan="9">工程量计算表</td></tr>
<tr><td>序号</td><td colspan="2">项目名称</td><td colspan="4">计算过程</td><td>计量单位</td><td>工程量</td></tr>
<tr><td></td><td colspan="2"></td><td colspan="4"></td><td></td><td></td></tr>
<tr><td></td><td colspan="2"></td><td colspan="4"></td><td></td><td></td></tr>
<tr><td></td><td colspan="2"></td><td colspan="4"></td><td></td><td></td></tr>
<tr><td></td><td colspan="2"></td><td colspan="4"></td><td></td><td></td></tr>
<tr><td></td><td colspan="2"></td><td colspan="4"></td><td></td><td></td></tr>
<tr><td colspan="9">分部分项工程和单价措施项目清单与计价表</td></tr>
<tr><td rowspan="2">序号</td><td rowspan="2">项目编码</td><td rowspan="2">项目名称</td><td rowspan="2">项目特征描述</td><td rowspan="2">计量单位</td><td rowspan="2">工程量</td><td colspan="3">金额（元）</td></tr>
<tr><td colspan="2">综合单价</td><td>合价</td></tr>
<tr><td></td><td></td><td></td><td></td><td></td><td></td><td colspan="2"></td><td></td></tr>
</table>

续表

<table>
<tr><td rowspan="15">任务实施</td><td colspan="12">工程量清单综合单价分析表</td></tr>
<tr><td>项目编码</td><td></td><td>项目名称</td><td colspan="5"></td><td>计量单位</td><td></td><td>工程量</td><td></td></tr>
<tr><td colspan="12">清单综合单价组成明细</td></tr>
<tr><td rowspan="2">定额编号</td><td rowspan="2">定额名称</td><td rowspan="2">定额单位</td><td rowspan="2">数量</td><td colspan="4">单价（元）</td><td colspan="4">合价（元）</td></tr>
<tr><td>人工费</td><td>材料费</td><td>机械费</td><td>管理费和利润</td><td>人工费</td><td>材料费</td><td>机械费</td><td>管理费和利润</td></tr>
<tr><td></td><td></td><td></td><td></td><td></td><td></td><td></td><td></td><td></td><td></td><td></td><td></td></tr>
<tr><td></td><td></td><td></td><td></td><td></td><td></td><td></td><td></td><td></td><td></td><td></td><td></td></tr>
<tr><td colspan="2">人工单价</td><td colspan="6">小计</td><td></td><td></td><td></td><td></td></tr>
<tr><td colspan="2">元/工日</td><td colspan="6">未计价材料费</td><td colspan="4"></td></tr>
<tr><td colspan="8">清单项目综合单价</td><td colspan="4"></td></tr>
<tr><td rowspan="5">材料费明细</td><td colspan="5">主要材料名称、规格、型号</td><td>单位</td><td>数量</td><td>单价（元）</td><td>合价（元）</td><td>暂估单价（元）</td><td>暂估合价（元）</td></tr>
<tr><td colspan="5"></td><td></td><td></td><td></td><td></td><td></td><td></td></tr>
<tr><td colspan="5"></td><td></td><td></td><td></td><td></td><td></td><td></td></tr>
<tr><td colspan="7">其他材料费</td><td>—</td><td></td><td>—</td><td></td></tr>
<tr><td colspan="7">材料费小计</td><td>—</td><td></td><td>—</td><td></td></tr>
<tr><td rowspan="2">学习反思</td><td>遇到问题</td><td colspan="11"></td></tr>
<tr><td>解决方法</td><td colspan="11"></td></tr>
<tr><td rowspan="6">过程评价</td><td rowspan="2">自我评价（5分）</td><td colspan="2">课前学习</td><td colspan="2">时间观念</td><td colspan="2">实施方法</td><td colspan="2">职业素养</td><td colspan="2">成果质量</td><td>分值</td></tr>
<tr><td colspan="2"></td><td colspan="2"></td><td colspan="2"></td><td colspan="2"></td><td colspan="2"></td><td></td></tr>
<tr><td rowspan="2">小组评价（5分）</td><td colspan="2">任务承担</td><td colspan="2">时间观念</td><td colspan="2">团队合作</td><td colspan="2">能力素养</td><td colspan="2">成果质量</td><td>分值</td></tr>
<tr><td colspan="2"></td><td colspan="2"></td><td colspan="2"></td><td colspan="2"></td><td colspan="2"></td><td></td></tr>
<tr><td>综合打分</td><td colspan="11">自我评价分值+小组评价分值：</td></tr>
<tr><td>教师总评</td><td colspan="11">签名：</td></tr>
</table>

2.1.2 知识与技能

1. 知识点——建筑电气与智能化安装工程项目组成

建筑电气与智能化
工程的组成

建筑电气安装工程的主要功能是输送和分配电能、应用电能、传递信息，为人们提供舒适、便利、安全的建筑环境。我们将输送和分配电能的系统称为变配电系统，将应用电能的系统称为照明及动力系统。

建筑电气安装工程按电压高低划分，可分为强电工程和弱电工程。(1) 强电工程即强电系统，可以把电能引入到建筑物中，经用电设备转换成热能、光能和机械能等，包括变配电系统、动力系统、照明系统、防雷系统等。主要特点是电压高、电流大、功率大。(2) 弱电工程即弱电系统，是完成建筑物内部及内部与外部之间的信息传递与交换工作的系统。包括通信系统、共用天线与有线电视接收系统、火灾自动报警与消防联动系统、安全防范系统、公共广播系统等，主要特点是电压低、电流小、功率小，电压通常是交流36V、直流24V以下。

建筑电气安装工程按功能划分，可分为供配电系统、建筑动力系统、建筑电气照明系统、防雷减灾系统、建筑弱电系统。

2. 知识点——建筑电气安装工程组成及项目列项

建筑电气照明与动力工程
的组成及项目划分

建筑电气安装工程包括室外电气安装工程、变配电室安装工程、供电干线安装工程、电气动力安装工程、电气照明安装工程、自备电源安装工程、防雷及接地装置安装工程七个子分部工程。其中，电气照明安装工程、电气动力安装工程包含的分项工程如图2.1–1所示。

- 建筑电气照明安装工程
  - 成套配电柜、控制柜（台、箱）和配电箱（盘）安装
  - 梯架、托盘和槽盒安装
  - 导管敷设
  - 电缆敷设
  - 管内穿线和槽盒内敷线
  - 塑料护套线直敷布线
  - 钢索布线
  - 电缆头制作、导线连接和线路绝缘测试
  - 灯具安装
  - 开关、插座、风扇安装
  - 建筑照明通电试运行
- 建筑电气动力安装工程
  - 成套配电柜、控制柜（台、箱）和配电箱（盘）安装
  - 电动机、电加热器及电动执行机构检查接线
  - 电气设备试验和试运行
  - 梯架、托盘和槽盒安装
  - 导管敷设
  - 电缆敷设
  - 管内穿线和槽盒内敷线
  - 电缆头制作、导线连接和线路绝缘测试
  - 开关、插座、风扇安装

图2.1–1　电气照明与动力安装工程分项工程

3．知识点——配电装置安装工程量计算规则与方法

控制设备、低压电器、照明器具工程计量

（1）成套配电柜安装，根据设备功能与形式，按照设计图示安装数量计算，以“台”为计量单位。成套配电柜有高压成套配电柜和低压成套配电柜之分，根据功能不同还可以进一步细分。

（2）成套配电箱安装，根据箱体半周长，按照设计图示安装数量计算，以“台”为计量单位。成品配套空箱体安装执行相应的“成套配电箱”安装定额时，乘以系数0.50。

成套配电箱安装的工作内容主要有测定、打孔、安装固定、接线、开关及机构调整、接地、单体调试等。安装方式主要有悬挂、嵌入式和落地式。

（3）电度表、中间继电器安装调试，根据系统布置，按照设计安装数量计算，以“台”或“块”为计量单位。

（4）电表采集器、数据集中器安装调试，根据系统布置，按照设计安装数量计算，以“台”为计量单位。

（5）端子箱安装，按照设计图示安装数量计算，以“台”为计量单位。

（6）端子板外部接线根据设备外部接线图，按照设计图示接线数量计算，以“个”为计量单位。

（7）接线端子根据类型、导线截面积不同，按照设计图示安装数量计算，以“个”为计量单位。接线端子仅指导线接线端子，不包括电缆。电力电缆终端头制作安装中包括压接线端子，控制电缆终端头制作安装中包括终端头制作及接线至端子板，不得重复计算。

4．知识点——照明器具安装工程量计算规则与方法

照明灯具安装的工作内容主要有灯具组装、安装、利用摇表测量绝缘及一般灯具的试亮工作。灯具吸盘到灯头的连线（灯具引导线），均按照灯具自备考虑，其他类型灯具均同。这里仅介绍常用灯具的工程量计算规则。

（1）普通灯具安装根据灯具种类、规格，按照设计图示数量计算，以“套”为计量单位。

普通灯具包括圆球吸顶灯、半圆球吸顶灯、方形吸顶灯、软线吊灯、吊链灯、防水吊灯、壁灯、座灯头等，见表2.1–1。

普通灯具类型及种类　　表2.1–1

灯具类型	种类
圆球吸顶灯	材质为玻璃的独立的半圆球吸顶灯、扁圆罩吸顶灯、平圆形吸顶灯
方形吸顶灯	材质为玻璃的独立的矩形罩吸顶灯、方形罩吸顶灯、大口方罩吸顶灯
软线吊灯	利用软线为垂吊材料、独立的，材质为玻璃、塑料罩等各式吊链灯
吊链灯	利用吊链作辅助悬吊材料、独立的，材料为玻璃、塑料罩的各式吊链灯
防水吊灯	一般防水吊灯

续表

灯具类型	种类
一般弯脖灯	圆球弯脖灯、风雨壁灯
一般墙壁灯	各种材质的一般壁灯、镜前灯
软线吊灯头	一般吊灯头
声光控座灯头	一般声控、光控座灯头
座灯头	一般塑料、瓷质座灯头

（2）吊式艺术装饰灯具安装根据装饰灯具示意图所示，区别不同装饰物以及灯体直径和灯体垂吊长度，按照设计图示安装数量计算，以“套”为计量单位。

吊式艺术装饰灯具是指不同材质、不同灯体垂吊长度、不同灯体直径的蜡烛灯、挂片灯、串珠（穗）、串棒灯、吊杆式组合灯、玻璃罩（带装饰）灯。

（3）标志、诱导装饰灯具安装根据装饰灯具示意图所示，区别不同的安装形式，按照设计图示安装数量计算，以“套”为计量单位。

（4）点光源艺术装饰灯具安装根据装饰灯具示意图所示，区别不同安装形式、不同灯具直径，按照设计图示安装数量计算，以“套”为计量单位。点光源艺术装饰灯具是指不同安装形式、不同灯体直径的筒灯、牛眼灯、射灯、轨道射灯。

（5）荧光灯具安装根据灯具安装形式、灯具种类、灯管数量，按照设计图示安装数量计算，以“套”为计量单位。成套型荧光灯是指单管、双管、三管、四管、吊链式、吊管式、吸顶式、嵌入式、成套独立荧光灯。

（6）嵌入式地灯安装根据灯具安装形式，按照设计图示数量计算，以“套”为计量单位。

（7）楼宇亮化灯安装根据光源特点与安装形式，按照设计图示安装数量计算，以“套”或“m”为计量单位。

（8）开关、按钮安装根据安装形式与种类、开关极数及单控与双控，按照设计图示安装数量计算，以“套”为计量单位。

（9）声控（红外线感应）延时开关、柜门触动开关安装，按照设计图示安装数量计算，以“套”为计量单位。

（10）插座安装根据电源数、定额电流、插座安装形式，按照设计图示安装数量计算，以“套”为计量单位。

5. 知识点——接线盒安装部位的相关规定

（1）开关、插座。

（2）灯具。

（3）管路超过下列长度时，为了便于穿线施工，应加装接线盒（箱），具体规定如下：

1）水平敷设管路如遇到下列情况之一时，中间应增设接线盒（拉线盒），且接线盒的安装位置应便于穿线。如不增设接线盒，也可以增大管径。

①管子长度每超过30m，无弯曲；

②管子长度每超过20m，有1个弯曲；

③管子长度每超过15m，有2个弯曲；

④管子长度每超过8m，有3个弯曲。

2）垂直敷设的管路如遇到下列情况之一时，应增设固定导线用的接线盒。

①导线截面$50mm^2$及以下，长度每超过30m；

②导线截面$70 \sim 95mm^2$，长度每超过20m；

③导线截面$120 \sim 240mm^2$，长度每超过18m。

（4）变形缝处，应增设接线盒（箱）作为补偿装置。

（5）线路分支处。电气线路不能使用三通等管件进行分支，必须在接线盒内进行。

6. 知识点——接线箱、接线盒安装工程量计算规则与方法

接线盒工程计量

（1）接线箱安装，根据安装形式（明装、暗装）及接线箱半周长，按照设计图示安装数量计算，以“个”为计量单位。

（2）接线盒安装，根据安装形式（明装、暗装）及接线盒类型，按照设计图示安装数量计算，以“个”为计量单位。接线盒的类型可分为开关盒（插座盒）和接线盒两种，灯位盒和专用接线盒归入接线盒内。

（3）接线盒工程量计算方法

接线盒工程量计算公式：

$$接线盒数量=灯位数量+专用接线盒数量 \quad (2.1\text{-}1)$$

$$开关盒数量=开关数量+插座数量 \quad (2.1\text{-}2)$$

（4）系统调试与试运行，按设计图示数量计算，以“系统”为计量单位。

7. 技能点——控制设备及照明器具安装工程计量与计价示例

【例】已知：综合楼内变电所照明与动力平面图如图2.1−2所示，层高5m。应急照

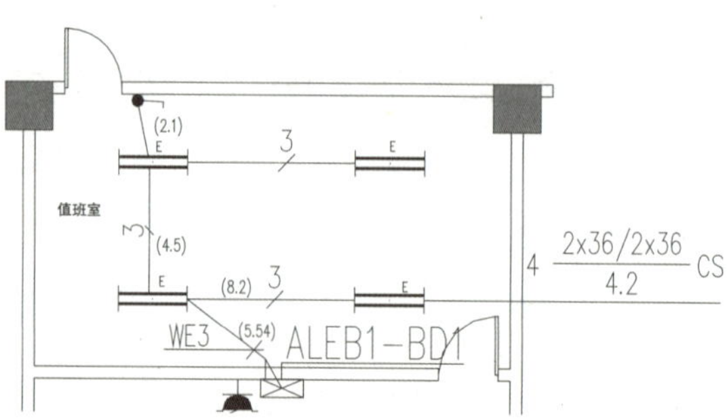

工程相关费用及工程量清单设置信息

图2.1−2　变电所照明与动力平面图

明配电箱（ALEB1–BD1）规格为500mm×600mm×200mm，墙内明装，底距地1.4m；250V10A单控单联开关墙内暗设，底距地1.3m；图中双管荧光灯标注“E”的表示自带蓄电池。该工程相关费用及工程量清单项目设置信息扫码获取。

问题：

（1）试计算出该工程配电箱、开关及开关盒的工程量；

（2）编制配电箱的分部分项工程量清单；

（3）编制配电箱的综合单价分析表（甲供材料）。

【答案】

解（问题1）：列表计算工程量，计算过程见表2.1–2。

工程量计算表　表2.1–2

序号	项目名称	计算过程	计量单位	工程量
1	应急照明配电箱ALEB1–BD1	图纸所示	台	1
2	单控单联暗开关	图纸所示	个	1
3	开关盒	图纸所示，开关数量+插座数量	个	1
4	接线盒	明装配电箱处墙上接线盒	个	1

解（问题2）：分部分项工程量清单的编制，见表2.1–3。

分部分项工程量清单与计价表　表2.1–3

工程名称：变配电所电气照明安装工程　　标段：　　第　页共　页

序号	项目编码	项目名称	项目特征描述	计量单位	工程数量	金额（元）		
						综合单价	合价	其中：暂估价
1	030404017004	照明配电箱	（1）名称：应急照明配电箱 （2）型号：ALEB1–BD1 （3）规格：500mm×600mm×200mm （4）安装方式：悬挂明装	台	1			
小计								

解（问题3）：编制分部分项工程量清单综合单价分析表，见表2.1–4。

综合单价分析表 表2.1-4

<table>
<tr><td colspan="2">项目编码</td><td colspan="2">030404017004</td><td colspan="2">项目名称</td><td colspan="2">照明配电箱</td><td>计量单位</td><td>台</td><td>工程量</td><td>1</td></tr>
<tr><td colspan="12">清单综合单价组成明细</td></tr>
<tr><td rowspan="2">定额编号</td><td rowspan="2">定额项目名称</td><td rowspan="2">定额单位</td><td rowspan="2">数量</td><td colspan="4">单价（元）</td><td colspan="4">合价（元）</td></tr>
<tr><td>人工费</td><td>材料费</td><td>机械费</td><td>管理费和利润</td><td>人工费</td><td>材料费</td><td>机械费</td><td>管理费和利润</td></tr>
<tr><td>4–318</td><td>成套配电箱安装悬挂、嵌入式，半周长1.5m</td><td>台</td><td>1</td><td>115.45</td><td>28.35</td><td>0</td><td>18.47</td><td>115.45</td><td>28.35</td><td>0</td><td>18.47</td></tr>
<tr><td colspan="2">人工单价</td><td colspan="6">小计</td><td>115.45</td><td>28.35</td><td>0</td><td>18.47</td></tr>
<tr><td colspan="2">合计工日：87.79元/工日</td><td colspan="6">未计价材料费</td><td colspan="4">650</td></tr>
<tr><td colspan="8">清单项目综合单价</td><td colspan="4">812.27</td></tr>
<tr><td rowspan="4">材料费明细</td><td colspan="5">主要材料名称、规格、型号</td><td>单位</td><td>数量</td><td>单价（元）</td><td>合价（元）</td><td>暂估单价（元）</td><td>暂估合价（元）</td></tr>
<tr><td colspan="5">应急照明配电箱ALEB1–BD1，500mm×600mm×200mm</td><td>台</td><td>1</td><td></td><td></td><td>650</td><td>650</td></tr>
<tr><td colspan="7">其他材料费</td><td>—</td><td></td><td>—</td><td></td></tr>
<tr><td colspan="7">材料费小计</td><td>—</td><td></td><td>—</td><td>650</td></tr>
</table>

套用定额时的注意事项：

（1）成品配套空箱体安装执行相应的“成套配电箱”安装定额乘以系数0.50。

（2）荧光灯具安装定额按照成套型荧光灯考虑，工程实际采用组合式荧光灯时，执行相应的成套型荧光灯安装定额乘以系数1.1。

2.1.3 问题思考

一、单选题

1. 电压高、电流大、功率大的系统是（　　）。

A. 强电系统　B. 弱电系统　C. 安全防范系统　D. 通信系统

2. 电压低、电流小、功率小，电压通常是交流36V、直流24V以下的是（　　）系统。

A. 变配电　B. 动力　C. 照明　D. 安全防范

3. 配电箱安装工程量计算规则是按设计图示（　　）计算。

A. 规格　　B. 数量　　C. 长度　　D. 质量

4. 根据《通用安装工程工程量计算规范》GB 50856，电气照明工程中按设计图示数量以“套”为计量单位的有（　　）。

A. 荧光灯　　B. 接线箱　　C. 桥架　　D. 插座

5. 依据《通用安装工程工程量计算规范》GB 50856，一般塑料、瓷质座灯头安装应执行的清单项目是（　　）。

A. 普通灯具　　B. 装饰灯　　C. 荧光灯　　D. 工厂灯

6. 依据《通用安装工程工程量计算规范》GB 50856，发光棚荧光灯安装应执行的清单项目是（　　）。

A. 普通灯具　　B. 装饰灯　　C. 荧光灯　　D. 工厂灯

二、多选题

1. 建筑智能化安装工程是根据工程设计所确定的不同使用功能及各生产系统的工艺性能，按施工顺序有计划地组织等分部分项工程（　　）的过程。

A. 安装　　B. 检测　　C. 调试　　D. 使用

E. 维修

2. 建筑电气安装工程的主要功能是（　　）。

A. 输送电能　　B. 分配电能　　C. 应用电能　　D. 传递信息

E. 舒适环境

3. 强电工程即强电系统，包括（　　）等。

A. 变配电系统　　B. 动力系统　　C. 照明系统　　D. 防雷系统

E. 弱电系统

4. 火灾自动报警系统的特点是（　　）。

A. 电压低　　B. 电压高　　C. 电流小　　D. 电流大

E. 功率小

5. 建筑电气安装工程按功能划分，可分为（　　）。

A. 供配电系统　　B. 建筑动力系统

C. 建筑电气照明系统　　D. 防雷减灾系统

E. 建筑弱电系统

6. 配电箱工程量清单项目特征描述，除需要描述名称、型号外还需要描述（　　）。

A. 规格　　B. 基础型钢形式、规格

C. 接线端子材质、规格　　D. 端子板外部接线材质、规格

E. 安装方式

7. 普通灯具包括（　　）、软线吊灯、吊链灯、防水吊灯等。

A. 圆球吸顶灯　　B. 半圆球吸顶灯

C．方形吸顶灯　　　　　　　　　　D．座灯头

E．壁灯

三、判断题

1．接线盒可分为开关盒（插座盒）和接线盒。（　　）

2．安装灯具的位置需要安装接线盒。（　　）

3．管子水平敷设长度每超过30m，无弯曲时，不需要增大管路，也不需要安装接线盒。（　　）

4．配管穿越变形缝处，应增设接线盒（箱）作为补偿装置。（　　）

5．电气线路分支处直接用三通处理。（　　）

2.1.4 拓展训练与知识

资源名称	控制设备与低压电器	照明器具	配电柜（箱）图例符号与标注表示	控制设备及照明器具工程计量与计价参考答案
资源类型	视频	视频	视频	文档
资源二维码				

任务 2.2 配管配线工程计量与计价

2.2.1 学生任务单

任务名称	配管配线工程计量与计价		
学生姓名		班级学号	
同组成员			
任务角色	□编制人员		□复核人员

任务卡	任务内容	识读【任务图片】，结合教学载体施工图信息，快速、准确计算出WX2回路配管配线的工程量，编制出指定项目的分部分项工程量清单，并编制综合单价分析表 变电所照明与动力系统图、平面图
任务卡	需提交成果	1. 工程量计算表； 2. 分部分项工程和单价措施项目清单与计价表； 3. 综合单价分析表
任务准备	工程量计算规则	

任务实施

工程量计算表

序号	项目名称	计算过程	计量单位	工程量

分部分项工程和单价措施项目清单与计价表

序号	项目编码	项目名称	项目特征描述	计量单位	工程量	金额（元）	
						综合单价	合价

续表

<table>
<tr><td rowspan="15">任务实施</td><td colspan="12">**工程量清单综合单价分析表**</td></tr>
<tr><td>项目编码</td><td colspan="2"></td><td>项目名称</td><td colspan="3"></td><td colspan="2">计量单位</td><td></td><td>工程量</td><td></td></tr>
<tr><td colspan="12">清单综合单价组成明细</td></tr>
<tr><td rowspan="2">定额编号</td><td rowspan="2">定额名称</td><td rowspan="2">定额单位</td><td rowspan="2">数量</td><td colspan="4">单价（元）</td><td colspan="4">合价（元）</td></tr>
<tr><td>人工费</td><td>材料费</td><td>机械费</td><td>管理费和利润</td><td>人工费</td><td>材料费</td><td>机械费</td><td>管理费和利润</td></tr>
<tr><td></td><td></td><td></td><td></td><td></td><td></td><td></td><td></td><td></td><td></td><td></td><td></td></tr>
<tr><td></td><td></td><td></td><td></td><td></td><td></td><td></td><td></td><td></td><td></td><td></td><td></td></tr>
<tr><td colspan="2">人工单价</td><td colspan="6">小计</td><td></td><td></td><td></td><td></td></tr>
<tr><td colspan="2">元/工日</td><td colspan="6">未计价材料费</td><td colspan="4"></td></tr>
<tr><td colspan="8">清单项目综合单价</td><td colspan="4"></td></tr>
<tr><td colspan="2" rowspan="5">材料费明细</td><td colspan="4">主要材料名称、规格、型号</td><td>单位</td><td>数量</td><td>单价（元）</td><td>合价（元）</td><td>暂估单价（元）</td><td>暂估合价（元）</td></tr>
<tr><td colspan="4"></td><td></td><td></td><td></td><td></td><td></td><td></td></tr>
<tr><td colspan="4"></td><td></td><td></td><td></td><td></td><td></td><td></td></tr>
<tr><td colspan="6">其他材料费</td><td>—</td><td></td><td>—</td><td></td></tr>
<tr><td colspan="6">材料费小计</td><td>—</td><td></td><td>—</td><td></td></tr>
<tr><td rowspan="2">学习反思</td><td colspan="2">遇到问题</td><td colspan="10"></td></tr>
<tr><td colspan="2">解决方法</td><td colspan="10"></td></tr>
<tr><td rowspan="6">过程评价</td><td colspan="2" rowspan="2">自我评价（5分）</td><td>课前学习</td><td colspan="2">时间观念</td><td colspan="2">实施方法</td><td colspan="2">职业素养</td><td>成果质量</td><td colspan="2">分值</td></tr>
<tr><td></td><td colspan="2"></td><td colspan="2"></td><td colspan="2"></td><td></td><td colspan="2"></td></tr>
<tr><td colspan="2" rowspan="2">小组评价（5分）</td><td>任务承担</td><td colspan="2">时间观念</td><td colspan="2">团队合作</td><td colspan="2">能力素养</td><td>成果质量</td><td colspan="2">分值</td></tr>
<tr><td></td><td colspan="2"></td><td colspan="2"></td><td colspan="2"></td><td></td><td colspan="2"></td></tr>
<tr><td colspan="2">综合打分</td><td colspan="10">自我评价分值+小组评价分值：</td></tr>
<tr><td colspan="2">教师总评</td><td colspan="10">签名：</td></tr>
</table>

2.2.2 知识与技能

1. 知识点——电气配管工程量计算规则

电气配管工程量计算

（1）配管敷设

根据配管材质与直径，区别敷设位置、敷设方式，按设计图示尺寸以长度计算，以“m”为计量单位。计算长度时，不计算安装损耗量，不扣除管路中间的接线箱、接线盒、灯头盒、开关盒、插座盒、管件等所占长度。配管安装中，凿槽、刨沟工程量需单独计算。

配管敷设是指电线管、钢管、防爆管、塑料管、软管、波纹管等明配、暗配、吊顶内、钢结构支架、钢索配管、埋地敷设、水下敷设、砌筑沟内敷设。

（2）金属软管敷设

根据金属管直径及每根长度，按照设计图示安装数量计算，以“m”为计量单位。计算长度时，不计算安装损耗量。

（3）线槽敷设

根据线槽材质（金属、塑料）与规格，按设计图示尺寸以长度计算，以“m”为计量单位。计算长度时，不计算安装损耗量，不扣除管路中间的接线箱、接线盒、灯头盒、开关盒、插座盒、管件等所占长度。

常见配线用管材如图2.2–1所示。

（a）　（b）　（c）　（d）

图2.2–1　常见配线用管材

（a）镀锌钢管；（b）JDG管；（c）软塑料管；（d）金属软管

2. 技能点——配管工程量计算方法

“按设计图示尺寸以长度计算”，就是计算配管的水平长度和垂直长度之和。

电气配管（线槽）工程量计算公式：

$$L = L_{水平} + L_{垂直} \tag{2.2–1}$$

式中　L　——电气配管（线槽）工程量（m）；

$L_{水平}$——图纸上电气配管（线槽）的水平长度（m）；

$L_{垂直}$——图纸上电气配管（线槽）的垂直长度（m）。

（1）水平长度计算

线管水平方向敷设时，以施工平面图中的管线走向、敷设部位和设备安装位置的中心点为依据，并借助建筑平面图中所标示的墙、柱等轴线尺寸进行线管长度的计算。有以下两种情形：

1）情形一：当线管沿墙明敷设（图上标注为WS）时，按相关墙面净空长度尺寸计算线管长度；

2）情形二：当线管沿墙暗敷设（图上标注为WC）时，按相关墙轴线尺寸计算线管长度。

（2）垂直长度计算——计算高差

线管垂直方向敷设时，即沿墙、柱引上或引下，其工程量计算与楼层高度及箱、柜、盘、板、开关、插座等的安装高度有关，应据其进行高差计算。明敷设、暗敷设均按图2.2–2进行计算。

计算公式：

垂直方向敷设的配管长度=楼层高度–设备距楼地面安装高度–设备自身高度　（2.2–2）

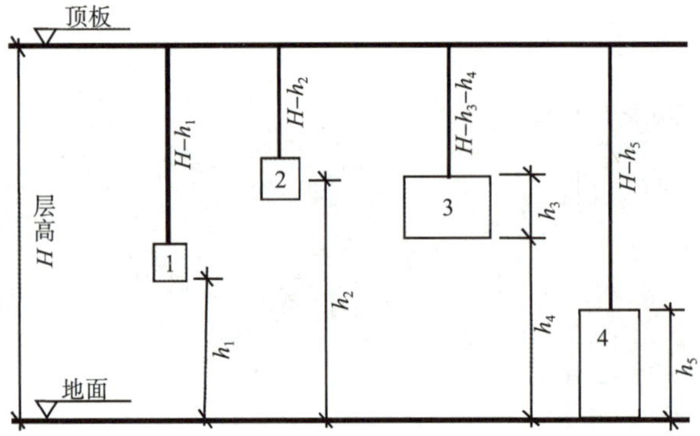

图2.2–2　线管垂直长度计算示意

1—开关；2—插座；3—悬挂嵌入式配电箱；4—落地式配电箱

埋地深度的扣除原则：当配管埋地暗配（图纸上标注为FC），穿出地面或向墙上插座等设备配管时，需要扣除配管埋地深度。通常在楼地面埋设深度按0.1m考虑，如埋设在底层地面下时通常按0.3m考虑；设备落地式安装时，其基础高度按0.2m考虑。

特别说明：安装工程图纸标高均为结构层标高，计算时不需要考虑楼板厚度。

3．知识点——电气配线工程量计算规则

电气配线工程计量

（1）管内穿线、线槽配线、绝缘导线明敷设根据导线截面面积，按照设计图示尺寸以单线长度计算（含预留长度），以“m”为计量单位。管内穿多芯软导线，

按照单根计算，线路分支接头线以及灯具、开关、插座、按钮等预留线长度不需计算。常见绝缘导线如图2.2–3所示。

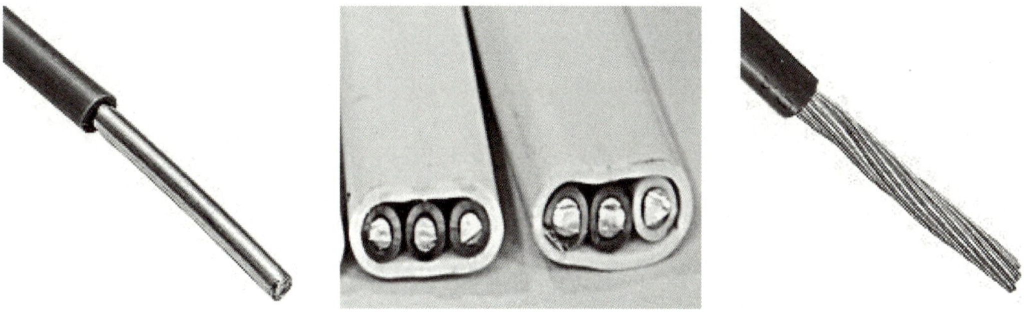

（a）　　（b）　　（c）

图2.2–3　常见绝缘导线

（a）BV单股铜芯导线；（b）BVVB护套平型导线；（c）BVR多股铜芯软线

（2）塑料护套线明敷设根据导线芯数与单芯导线截面面积，区别导线敷设位置（木结构、砖混凝土结构、沿钢索），按照设计图示尺寸以单线长度计算（含预留长度），以“m”为计量。

（3）配线进入箱、柜、板的预留长度见表2.2–1。特别说明：预留长度不适用于电缆。

配线进入箱、柜、板的预留长度　　表2.2–1

序号	项目	预留长度（m）	说明
1	各种开关箱、柜、板	高＋宽	盘面尺寸
2	单独安装（无箱、盘）的铁壳开关、闸刀开关、启动器、母线槽进出线盒等	0.3	从安装对象中心算起
3	由地面管子出口至动力接线箱	1.0	以管口计算
4	电源与管内导线连接（管内穿线与软、硬母线接点）	1.5	以管口计算
5	出户线	1.5	以管口计算

4．技能点——管内穿线工程量计算方法

管内穿线工程量计算需先计算出配管的工程量，套用公式就可以轻松算出。

计算公式：

管内穿线单线长度=（配管长度L＋规定的预留长度）×同型号导线根数　（2.2–3）

式中　规定的预留长度——按照规定执行；

同型号导线根数——指在同一根导管内的规格、型号均相同的导线的根数，不区分导线使用功能。

5．技能点——电气配管配线工程计量与计价示例

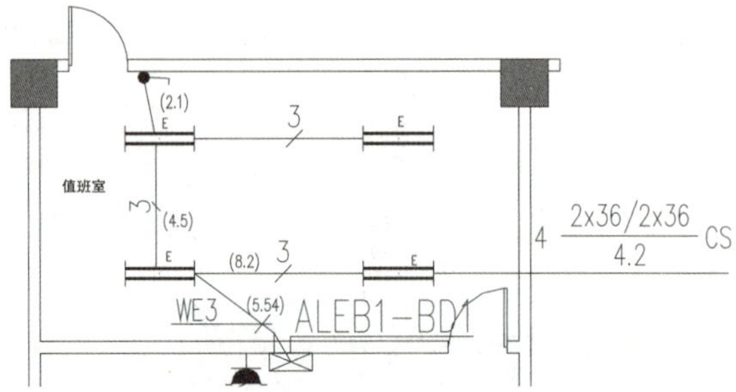

图2.2-4 变电所照明与动力平面图

【例】已知：某综合楼内变电所照明与动力平面图如图2.2-4所示，层高5m。配电箱、开关等工程信息同任务2.1。由应急照明配电箱（ALEB1-BD1）配出WDZN-BYJ（F）E-2×2.5mm^{2}无卤低烟阻燃耐火辐照型铜导线穿SC15镀锌钢管保护，3～4根穿SC20镀锌钢管保护。图上括号内数据表示配管水平长度。该工程相关费用及工程量清单项目设置信息扫码获取。

配管配线工程相关费用及工程量清单设置信息

问题：

（1）试计算出该工程配管配线工程量；

（2）编制管内穿线的分部分项工程量清单；

（3）编制管内穿线的综合单价分析表；

（4）编制管内穿线的分部分项工程量清单计价。

【答案】

电气配管工程量计算实例讲解

解（问题1）：列表计算工程量，计算过程见表2.2-2。

工程量计算表 表2.2-2

序号	项目名称	计算过程	计量单位	工程量
1	WE3回路	—	—	—
1.1	镀锌钢管SC15	（5.54+2.1）（水平）+（5-1.4-0.6）（ALEB1-BD1箱立管）+（5-1.3）（开关立管）	m	14.34
1.2	镀锌钢管SC20	（4.5+8.2×2）（水平）	m	20.90
1.3	管内穿线2.5mm^2	[（0.5+0.6）（ALEB1-BD1箱半周长）+14.34]×2+20.90×3	m	93.58

解（问题2）：分部分项工程量清单的编制，见表2.2-3。

分部分项工程量清单与计价表　　表2.2-3

工程名称：变配电所电气照明安装工程　　标段：　　第　页共　页

<table>
<tr><th rowspan="2">序号</th><th rowspan="2">项目编码</th><th rowspan="2">项目名称</th><th rowspan="2">项目特征描述</th><th rowspan="2">计量单位</th><th rowspan="2">工程数量</th><th colspan="3">金额（元）</th></tr>
<tr><th>综合单价</th><th>合价</th><th>其中：暂估价</th></tr>
<tr><td>1</td><td>030411004005</td><td>管内穿线</td><td>（1）名称：管内穿线
（2）配线形式：照明线路
（3）型号：WDZN-BYJ（F）E
（4）规格：2.5mm²
（5）材质：铜芯
（6）配线部位：砖混凝土结构暗配</td><td>m</td><td>93.58</td><td>—</td><td>—</td><td></td></tr>
<tr><td colspan="6">小计</td><td>—</td><td>—</td><td></td></tr>
</table>

解（问题3）：编制分部分项工程量清单综合单价分析表，见表2.2-4。

管内穿线综合单价计算

综合单价分析表　　表2.2-4

<table>
<tr><td>项目编码</td><td>030411004005</td><td colspan="2">项目名称</td><td colspan="4">管内穿线</td><td>计量单位</td><td>m</td><td>工程量</td><td>93.58</td></tr>
<tr><td colspan="12">清单综合单价组成明细</td></tr>
<tr><td rowspan="2">定额编号</td><td rowspan="2">定额项目名称</td><td rowspan="2">定额单位</td><td rowspan="2">数量</td><td colspan="4">单价（元）</td><td colspan="4">合价（元）</td></tr>
<tr><td>人工费</td><td>材料费</td><td>机械费</td><td>管理费和利润</td><td>人工费</td><td>材料费</td><td>机械费</td><td>管理费和利润</td></tr>
<tr><td>4-1531</td><td>管内穿线、穿照明线、铜芯、导线截面≤2.5mm²</td><td>10m</td><td>0.1</td><td>8.32</td><td>1.45</td><td>0</td><td>1.33</td><td>0.832</td><td>0.145</td><td>0</td><td>0.133</td></tr>
<tr><td colspan="2">人工单价</td><td colspan="6">小计</td><td>0.832</td><td>0.145</td><td>0</td><td>0.133</td></tr>
<tr><td colspan="2">合计工日：120.58元/工日</td><td colspan="6">未计价材料费</td><td colspan="4">3.236</td></tr>
<tr><td colspan="8">清单项目综合单价</td><td colspan="4">4.35</td></tr>
<tr><td rowspan="3">材料费明细</td><td colspan="5">主要材料名称、规格、型号</td><td>单位</td><td>数量</td><td>单价（元）</td><td>合价（元）</td><td>暂估单价（元）</td><td>暂估合价（元）</td></tr>
<tr><td colspan="5">绝缘电线 WDZN-BYJ（F）E-2.5</td><td>m</td><td>11.6</td><td>2.79</td><td>3.236</td><td></td><td></td></tr>
<tr><td colspan="7">材料费小计</td><td>—</td><td>3.236</td><td>—</td><td></td></tr>
</table>

计算管内穿线综合单价时，绝缘导线主材数量应考虑损耗，每10m长2.5mm²导线的主材含量为11.6m。

解（问题4）：分部分项工程量清单计价的编制，见表2.2-5。

分部分项工程量清单与计价表 表2.2-5

工程名称：变配电所电气照明安装工程 标段： 第 页共 页

序号	项目编码	项目名称	项目特征描述	计量单位	工程数量	金额（元）		
						综合单价	合价	其中：暂估价
1	030411004005	管内穿线	（1）名称：管内穿线 （2）配线形式：照明线路 （3）型号：WDZN-BYJ（F）E （4）规格：2.5mm² （5）材质：铜芯 （6）配线部位：砖混凝土结构暗配	m	93.58	4.35	407.07	
小计						—	407.07	

2.2.3 问题思考

一、单选题

1. 配管工程量计算规则是按设计图示（ ）以长度计算。

A. 规格　　B. 尺寸

C. 长度　　D. 质量

2. 线管垂直方向敷设时，即沿墙、柱引上或引下，其工程量计算与（ ）及箱、柜、盘、板、开关、插座等的安装高度有关，应据其进行高差计算。

A. 楼板厚度　　B. 楼层高度

C. 楼板结构　　D. 地板高度

3. 垂直方向敷设的配管长度计算公式为（ ）。

A. 楼层高度−设备距楼地面安装高度

B. 楼层高度−设备距楼地面安装高度−设备自身高度

C. 楼层高度−设备自身高度

D. 楼层高度−设备距楼地面安装高度−设备自身高度/2

4. 配线进入各种开关箱、柜、板的预留长度为（ ）m。

A. 0.3　　B. 1.0　　C. 1.5　　D. 宽+高

5．依据《通用安装工程工程量计算规范》GB 50856，图上照明绝缘导线管路标示MR300 × 100，应执行的清单项目是（　　）。

A．配管　　B．线槽　　C．桥架　　D．配线

6．（　　）系统可以完成建筑物内部及内部与外部之间信息传递与交换工作。

A．强电　　B．弱电

C．防雷　　D．照明

7．下列正确表示聚氯乙烯绝缘绞型软导线型号的是（　　）。

A．BV　　B．RVB　　C．BVR　　D．RVS

8．电缆在型号表示前面加字母NH和DW表示（　　）。

A．普通、阻燃　　B．耐火、低烟低卤

C．耐火、低烟无卤　　D．耐火、高阻燃

9．套接紧定式镀锌钢管用符号（　　）表示。

A．JDG　　B．KBG

C．MT　　D．PVC

二、多选题

1．线管水平方向敷设时，以施工平面图中的（　　）为依据，并借助建筑平面图中所标示的墙、柱等轴线尺寸进行线管长度的计算。

A．管线走向　　B．敷设部位

C．设备安装位置的中心点　　D．图例边缘

E．轴线

2．电缆按照构造和作用划分，主要有（　　）。

A．电力电缆　　B．控制电缆

C．电话电缆　　D．射频同轴电缆

E．移动式软电缆

三、判断题

1．计算配管工程量时，要扣除管路中间的接线箱（盒）、灯头盒、开关盒等所占长度。（　　）

2．计算配管长度时，要计算安装损耗量。（　　）

3．计算配管工程量时，根据配管材质与直径不同，区别敷设位置、敷设方式，需分开计算。（　　）

4．配管安装工程量中不包括凿槽、刨沟。（　　）

5．线管沿墙面垂直方向敷设时，其工程量即楼层高度减去配电箱安装高度。（　　）

6．计算配管工程量时，需要计算楼板厚度。（　　）

7．计算管内穿线工程量时，线路分支接头线长度按0.3m计算预留长度。（　　）

2.2.4 拓展知识

资源名称	电线	配线用管材	室内照明线路分析
资源类型	视频	视频	动画
资源 二维码			

任务 2.3 电缆敷设工程计量与计价

2.3.1 学生任务单

任务名称	电缆敷设工程计量与计价		
学生姓名		班级学号	
同组成员			
任务角色	□编制人员　□复核人员		

任务卡	任务内容	识读【任务图片】，结合教学载体施工图信息，快速、准确计算出电缆敷设工程量，编制出指定项目的分部分项工程量清单，并编制综合单价分析表 电缆敷设工程图纸
任务卡	需提交成果	1. 工程量计算表； 2. 分部分项工程和单价措施项目清单与计价表； 3. 综合单价分析表
任务准备	工程量计算规则	

任务实施

工程量计算表

序号	项目名称	计算过程	计量单位	工程量

分部分项工程和单价措施项目清单与计价表

序号	项目编码	项目名称	项目特征描述	计量单位	工程量	金额（元）	
						综合单价	合价

续表

<table>
<tr><td rowspan="15">任务实施</td><td colspan="12">工程量清单综合单价分析表</td></tr>
<tr><td>项目编码</td><td colspan="2"></td><td>项目名称</td><td colspan="4"></td><td>计量单位</td><td></td><td>工程量</td><td></td></tr>
<tr><td colspan="12">清单综合单价组成明细</td></tr>
<tr><td rowspan="2">定额编号</td><td rowspan="2">定额名称</td><td rowspan="2">定额单位</td><td rowspan="2">数量</td><td colspan="4">单价（元）</td><td colspan="4">合价（元）</td></tr>
<tr><td>人工费</td><td>材料费</td><td>机械费</td><td>管理费和利润</td><td>人工费</td><td>材料费</td><td>机械费</td><td>管理费和利润</td></tr>
<tr><td></td><td></td><td></td><td></td><td></td><td></td><td></td><td></td><td></td><td></td><td></td><td></td></tr>
<tr><td></td><td></td><td></td><td></td><td></td><td></td><td></td><td></td><td></td><td></td><td></td><td></td></tr>
<tr><td colspan="2">人工单价</td><td colspan="6">小计</td><td></td><td></td><td></td><td></td></tr>
<tr><td colspan="2">元/工日</td><td colspan="6">未计价材料费</td><td colspan="4"></td></tr>
<tr><td colspan="8">清单项目综合单价</td><td colspan="4"></td></tr>
<tr><td rowspan="5">材料费明细</td><td colspan="5">主要材料名称、规格、型号</td><td>单位</td><td>数量</td><td>单价（元）</td><td>合价（元）</td><td>暂估单价（元）</td><td>暂估合价（元）</td></tr>
<tr><td colspan="5"></td><td></td><td></td><td></td><td></td><td></td><td></td></tr>
<tr><td colspan="5"></td><td></td><td></td><td></td><td></td><td></td><td></td></tr>
<tr><td colspan="7">其他材料费</td><td>—</td><td></td><td>—</td><td></td></tr>
<tr><td colspan="7">材料费小计</td><td>—</td><td></td><td>—</td><td></td></tr>
<tr><td rowspan="2">学习反思</td><td>遇到问题</td><td colspan="11"></td></tr>
<tr><td>解决方法</td><td colspan="11"></td></tr>
<tr><td rowspan="6">过程评价</td><td rowspan="2">自我评价（5分）</td><td colspan="2">课前学习</td><td colspan="2">时间观念</td><td colspan="2">实施方法</td><td colspan="2">职业素养</td><td colspan="2">成果质量</td><td>分值</td></tr>
<tr><td colspan="2"></td><td colspan="2"></td><td colspan="2"></td><td colspan="2"></td><td colspan="2"></td><td></td></tr>
<tr><td rowspan="2">小组评价（5分）</td><td colspan="2">任务承担</td><td colspan="2">时间观念</td><td colspan="2">团队合作</td><td colspan="2">能力素养</td><td colspan="2">成果质量</td><td>分值</td></tr>
<tr><td colspan="2"></td><td colspan="2"></td><td colspan="2"></td><td colspan="2"></td><td colspan="2"></td><td></td></tr>
<tr><td>综合打分</td><td colspan="11">自我评价分值+小组评价分值：</td></tr>
<tr><td>教师总评</td><td colspan="11">签名：</td></tr>
</table>

2.3.2 知识与技能

1. 知识点——电缆沟槽挖填及铺砂、盖保护板工程量计算规则

电缆沟挖填与铺砂盖盖板工程计量

（1）直埋电缆沟槽挖填，根据电缆敷设路径，除特殊要求外，按照表2.3–1规定计算，以“m^3”为计量单位。沟槽开挖长度按照电缆敷设路径长度计算。需要单独计算余土（余石）外运工程量时，按照直埋电缆沟槽挖填量12.5%计算。

直埋电缆沟槽土石方挖填计算表　　表2.3–1

项目	电缆根数	
	1～2根	每增加1根
每米沟长挖方量（m^3）	0.45	0.153

注：1）2根以内电缆沟，按照上口宽度600mm、下口宽为400mm、深900mm计算常规土方量（深度按规范的最低标准）。

2）每增加一根电缆，其宽度增加170mm。

3）土石方量从自然地坪挖起，若挖深大于900mm时，按照开挖尺寸另行计算。

（2）电缆沟揭、盖、移动盖板根据施工组织设计，以揭一次与盖一次或移出一次与移回一次为计算基础，按照实际揭与盖或移出与移回的次数乘以其长度计算，以“m”为计量单位。

2. 知识点——电缆保护管敷设、桥架安装工程量计算规则

（1）电缆保护管敷设，根据电缆敷设路径，应区别不同敷设方式、敷设位置、管材材质、规格，按设计图示尺寸以长度计算，以“m”为计量单位。计算电缆保护管长度时，设计无规定者按照以下规定增加保护管长度。

1）横穿马路时，按照路基宽度两端各增加2m。

2）保护管需要出地面时，弯头管口距地面增加2m。

3）穿过建（构）筑物外墙时，从基础外缘起增加1m。

4）穿过沟（隧）道时，从沟（隧）道壁外缘起增加1m。

（2）电缆保护管地下敷设，其土石方量施工有设计图纸的，按照设计图纸计算；无设计图纸的，沟深按照0.9m计算，沟宽按照保护管边缘每边各增加0.3m工作面计算。

（3）建（构）筑物室内敷设电缆保护管时，按照配管配线工程项目列项计算。

（4）电缆桥架安装，根据桥架材质（钢制桥架、玻璃钢桥架、铝合金桥架）与规格，按照设计图示尺寸以长度计算，以“m”为计量单位。

（5）组合式桥架安装，按照设计图示安装数量计算，以“片”为计量单位；复合支架安装按照设计图示安装数量计算，以“副”为计量单位。

（6）桥架类型有槽式桥架、梯式桥架、托盘式桥架、组合式桥架、复合支架、防火桥架等，如图2.3–1和图2.3–2所示。梯式桥架安装指不带盖的，若梯式桥架带盖则归入托盘式桥架范围。

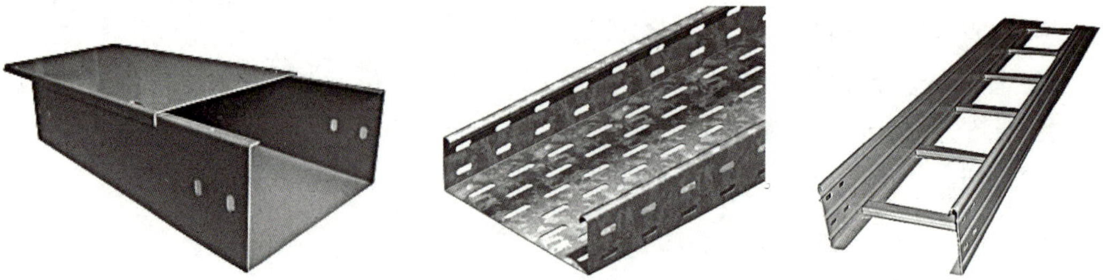

（a）　　（b）　　（c）

图2.3–1　电缆梯架与托盘

（a）槽式电缆桥架；（b）托盘式电缆桥架；（c）梯架式电缆桥架

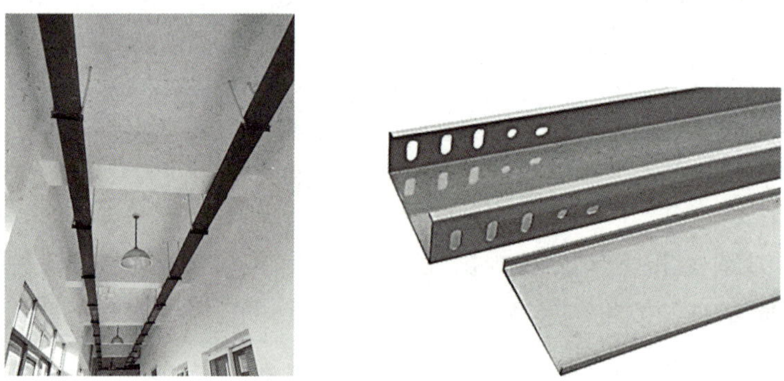

图2.3–2　槽盒

（7）钢制桥架主结构设计厚度大于3mm时，执行相应安装定额的人工、机械乘以系数1.20。

3. 知识点——电缆敷设工程量计算规则

电缆敷设工程量计算

（1）电力电缆、控制电缆敷设根据电缆敷设环境、敷设方式与规格，按设计图示尺寸以长度计算（含预留长度及附加长度），以“m”为计量单位。不计算电缆敷设损耗量。

（2）竖井通道内敷设电缆长度，按照电缆敷设在竖井通道垂直高度以延长米计算工程量。

（3）预制分支电缆敷设长度，按照敷设主电缆长度计算工程量。

（4）计算电缆敷设长度时，应考虑因波形敷设、弛度、电缆绕梁（柱）所增加的长度以及电缆与设备连接、电缆接头等必要的预留长度。预留长度按照设计规定计算，设计无规定时按照表2.3–2规定计算。

电缆敷设的附加长度　　表2.3-2

序号	项目	预留长度（附加）	说明
1	电缆敷设弛度、波形弯度、交叉	2.5%	按电缆全长计算
2	电缆进入建筑物	2.0m	规范规定最小值
3	电缆进入沟内或吊架时引上（下）预留	1.5m	规范规定最小值
4	变电所进线、出线	1.5m	规范规定最小值
5	电力电缆终端头	1.5m	检修余量最小值
6	电缆中间接头盒	两端各留2.0m	检修余量最小值
7	电缆进控制、保护屏及模拟盘、配电箱等	高+宽	按盘面尺寸
8	高压开关柜及低压配电盘、柜	2.0m	盘、柜进出线
9	电缆至电动机	0.5m	从电机接线盒起算
10	厂用变压器	3.0m	从地坪起算
11	电缆绕过梁柱等增加长度	按实计算	按被绕物的断面情况计算增加长度
12	电梯电缆与电缆架固定点	每处0.5m	规范最小值

（5）输电电力电缆敷设方式分为直埋式、电缆沟（隧）道内、排管内、街码金具上。输电电力电缆起点为电源点或变（配）电站，终点为用户端配电站。

（6）配电电力电缆敷设环境分为室内、竖井通道内。配电电力电缆起点为用户端配电站，终点为用电设备。室内敷设电力电缆定额综合考虑了用户区内室外电缆沟、室内电缆沟、室内桥架、室内支架、室内线槽、室内管道等不同敷设方式，执行定额时不做调整。绝缘电缆如图2.3-3所示。

（7）电力电缆敷设定额是按照三芯（包括三相加零线）编制的，电缆每增加一芯相应定额增加15%。单芯电力电敷设按照同截面电缆敷设定额乘以系数0.7，两芯电缆按照三芯电缆敷设定额执行。截面400～800mm²的单芯电力电缆敷设，按照400mm²电力电缆敷设定额乘以系数1.35；截面800～1600mm²的单芯电力电缆敷设，按照400mm²电力电缆敷设定额乘以系数1.85。

图2.3-3　绝缘电缆

4．知识点——电缆头、电缆防火设施、电缆分支箱工程量计算规则

（1）电缆头制作与安装，根据电压等级与电缆头形式及电缆截面，按照设计图示单根电缆接头数量计算，以“个”为计量单位。电力电缆和控制电缆均按照一根电缆有两个终端头计算。电缆穿刺线夹按电缆头计算。

（2）电力电缆中间头按照设计规定计算；设计没有规定的，以单根长度400m为标准，每增加400m计算一个中间头，增加长度小于400m 时计算一个中间头。

（3）电缆防火设施（防火堵洞、防火隔板、防火涂料），安装根据防火设施的类型及材料，按照设计用量分别以“处、m^2、kg”为计量单位计算工程量。

（4）10kV高压电缆分支箱，按分回路数不同以“台”为计量单位计算；1kV低压电缆分支箱，不分规格以“台”为计量单位计算。

（5）电力电缆试验绝缘遥测预试验，按“盘或回路”为计量单位计算；交接试验以“回路”为计量单位计算。在同一地点做两路及以上试验时，从第二回路起按60%计算。电力电缆试验包括电力电缆绝缘摇测、直流耐压试验、交流耐压试验、电阻比试验、电缆局放试验。

5．技能点——电缆敷设工程计量与计价示例

电缆敷设相关费用及工程量清单设置信息

【例】已知：某综合楼一层局部电缆敷设如图2.3－4所示，层高4m。总配电箱（PB）规格为800mm×1800mm×400mm，明装，底距地0.4m；配电箱（LB）规格为600mm×1000mm×300mm，墙上明装，底距地1.0m；控制箱（CB）规格为500mm×600mm×220mm，墙上明装，底距地1.2m。电缆桥架内敷设，采用无卤低烟阻燃辐照电力电缆，不敷设在桥架内时穿热镀锌钢管（SC）敷设，墙内、板内暗设。图上括号内数据表示水平长度。该工程相关费用及工程量清单项目设置信息扫码获取。

问题：

（1）试计算出该工程电缆敷设工程量；

（2）编制该工程电缆敷设分部分项工程量清单；

（3）编制电缆敷设WDZ－YJ（F）E－4×50+1×25的综合单价分析表。

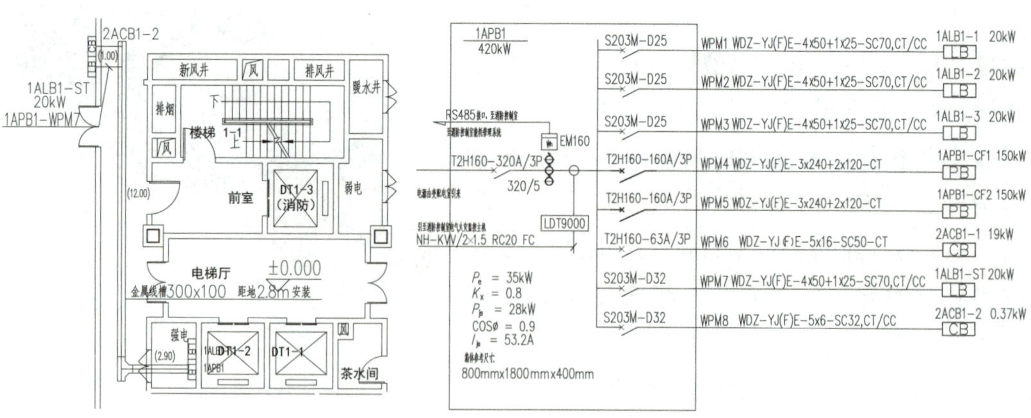

图2.3－4 电缆桥架及电缆敷设平面图与系统图
（a）平面图；（b）系统图

【答案】

电缆桥架内敷设工程计量示例详解

解（问题1）：列表计算工程量，计算过程见表2.3–3。

工程量计算表　　表2.3–3

序号	项目名称	计算过程	计量单位	工程量
1	桥架CT300×100	水平（2.90+12.0）+1APB1箱垂直（2.8桥架距地–0.4配电箱距地–1.8配电箱高+0.05线槽高度的一半）	m	15.55
2	镀锌钢管SC70	水平1.00+桥架处垂直（4层高–2.8桥架距地–0.05）+箱垂直（4层高–1.0箱距地–1.0箱高）	m	4.15
3	镀锌钢管SC32	水平1.00+桥架处垂直（4层高–2.8桥架距地–0.05）+箱垂直（4层高–1.2箱距地–0.6箱高）	m	4.35
4	电力电缆　桥架内敷设WDZ–YJ（F）E–4×50+1×25	15.55×（1+2.5%）电缆敷设弛度+（0.8+1.8）（1APB1箱宽+高）+1.5电力电缆终端头预留	m	20.04
5	电力电缆　桥架内敷设WDZ–YJ（F）E–5×6	15.55×（1+2.5%）电缆敷设弛度+（0.8+1.8）（1APB1箱宽+高）+1.5电力电缆终端头预留	m	20.04
6	电力电缆　管内敷设WDZ–YJ（F）E–4×50+1×25	4.15×（1+2.5%）电缆敷设弛度+（0.6+1）（1ALB1–ST箱宽+高）+1.5电力电缆终端头预留	m	7.35
7	电力电缆　管内敷设WDZ–YJ（F）E–5×6	4.35×（1+2.5%）电缆敷设弛度+（0.5+0.6）（2ACB1–2箱宽+高）+1.5电力电缆终端头预留	m	7.06
8	电力电缆头WDZ–YJ（F）E–4×50+1×25	—	个	2
9	电力电缆头WDZ–YJ（F）E–5×6	—	个	2

解（问题2）：分部分项工程量清单的编制，见表2.3–4。

分部分项工程量清单与计价表　　表2.3–4

序号	项目编码	项目名称	项目特征描述	计量单位	工程数量	金额（元）		
						综合单价	合价	其中：暂估价
1	030408001033	室内敷设电力电缆	（1）名称：电力电缆 （2）型号：WDZ–YJ（F）E无卤低烟阻燃辐照 （3）规格：5×6 （4）材质：铜芯电力电缆 （5）敷设方式、部位：室内敷设 （6）电压等级（kV）：0.6/1kV	m	27.10			

续表

序号	项目编码	项目名称	项目特征描述	计量单位	工程数量	金额（元）		
						综合单价	合价	其中：暂估价
2	030408001036	室内敷设电力电缆	（1）名称：电力电缆 （2）型号：WDZ–YJ（F）E （3）规格：4×50+1×25 （4）材质：铜芯电力电缆 （5）敷设方式、部位：室内敷设 （6）电压等级（kV）：0.6/1kV	m	27.39			
3	030408004001	桥架	（1）名称：钢制桥架 （2）型号：厚度0.2mm （3）规格：300×100 （4）材质：钢制桥架 （5）类型：槽式桥架 （6）接地方式：接地跨接	m	15.55			
4	030408006049	电力电缆终端头	（1）名称：电力电缆终端头 （2）型号：干包式 （3）规格：5×6 （4）材质、类型：干包式铜芯 （5）安装部位（方式）：室内电缆终端 （6）电压等级（kV）：0.6/1kV	个	2			
5	030408006052	电力电缆终端头	（1）名称：电力电缆终端头 （2）型号：干包式 （3）规格：4×50+1×25 （4）材质、类型：干包式铜芯 （5）安装部位（方式）：室内电缆终端 （6）电压等级（kV）：0.6/1kV	个	2			
6	030411001037	配管	（1）名称：焊接钢管 （2）材质：热镀锌钢管 （3）规格：公称直径32mm （4）配置形式：砖、混凝土结构暗配	m	4.35			
7	030411001041	配管	（1）名称：焊接钢管 （2）材质：热镀锌钢管 （3）规格：公称直径70mm （4）配置形式：砖、混凝土结构暗配	m	4.15			

解（问题3）：编制分部分项工程量清单综合单价分析表，见表2.3–5。

综合单价分析表　　　　表2.3–5

项目编码	030408001036		项目名称	室内敷设电力电缆		计量单位	10m	工程量	2.739
清单综合单价组成明细									
定额编号	定额项目名称	定额单位	数量	单价（元）				合价（元）	
				人工费	材料费	机械费	管理费和利润	人工费	材料费
4–693×1.15	室内敷设电力电缆、铜芯电力电缆敷设 电缆截面≤$50mm^2$ 实际芯数（芯）：5	10m	1	72.31	2561.39	10.3	13.22	72.31	2561.39

合价（元） 机械费	合价（元） 管理费和利润
10.3	13.22

人工单价	小计	人工费	材料费	机械费	管理费和利润
		72.31	2561.39	10.3	13.22
合计工日：116.44元/工日	未计价材料费	2551.97			
清单项目综合单价		2657.22			

材料费明细	主要材料名称、规格、型号	单位	数量	单价（元）	合价（元）	暂估单价（元）	暂估合价（元）
	电力电缆 WDZ–YJ（F）E–4×50+1×25	m	10.1	252.67	2551.97		
材料费小计				—	2551.97	—	

计算综合单价时，电缆主材数量应考虑损耗，每10米表内规格电缆的主材含量为10.1m。

套用定额时的注意事项：

电缆示例组价详解

（1）桥架安装，钢制桥架主结构设计厚度大于3mm时，执行相应安装定额的人工、机械乘以系数1.20。

（2）桥架安装，不锈钢桥架安装执行相应的钢制桥架定额乘以系数1.10。

（3）槽盒安装根据材质与规格，执行相应的槽式桥架安装定额，其中：人工、机械乘以系数1.08。

（4）竖井内电缆敷设定额中综合考虑了电缆布放费用，当电缆布放穿过高度大于20m的竖井时，需要计算电缆布放增加费。电缆布放增加费按照穿过竖井电缆长度计算工程量，执行竖井通道内敷设电缆相关定额乘以系数0.3。

（5）在计算过程中需要注意WDZ-YJ（F）E-4×50+1×25电力电缆实际线芯为5根，在套用定额时需要乘以系数1.15。同时还需要注意的是，电缆头也同样需要乘以相应的系数。

（6）电缆沟盖板采用金属盖板时，根据设计图纸分工执行相应的定额，属于电气安装专业设计范围的电缆沟金属盖板制作与安装，执行定额“金属构件、穿墙套板安装工程”按相应定额乘系数0.6。

2.3.3 问题思考

一、单选题

1. 设计无规定，1～2根直埋电缆沟槽挖填土方工程量计算，需根据电缆敷设路径，每米沟长挖方量按照（　　）m^3计算，沟槽开挖长度按照电缆敷设路径长度计算。

A. 0.35　　B. 0.45　　C. 0.55　　D. 0.69

2. 需要单独计算余土（余石）外运工程量时，按照直埋电缆沟槽挖填量的（　　）%计算。

A. 12.5　　B. 0.45　　C. 1.25　　D. 0.125

3. 依据《通用安装工程工程量计算规范》GB 50856，电力电缆在建筑物内穿钢管保护时，其电缆保护管应执行的清单项目是（　　）。

A. 电缆保护管　　B. 电缆槽盒　　C. 配管　　D. 配线

4. 2根以内电缆沟，按照上口宽度（　　）mm、下口宽为（　　）mm、深（　　）mm计算常规土方量。

A. 600、400、900　　B. 600、400、800

C. 400、600、900　　D. 400、600、700

5. 直埋电缆沟槽挖填土方工程量计算，每增加一根电缆，其宽度增加（　　）mm，每米沟长挖方量增加（　　）m^3。

A. 170、0.153　　B. 100、0.153　　C. 170、0.45　　D. 100、0.45

6. 直埋电缆沟槽挖填土方工程量计算，土石方量从（　　）挖起，若挖深大于900mm时，按照开挖尺寸另行计算。

A. 室外地坪　　B. 自然地坪　　C. 首层地面　　D. 正负零

7. 电缆保护管地下敷设，无设计图纸的，沟深按照（　　）m计算，沟宽按照保护管边缘每边各增加（　　）m工作面计算。

A. 0.75、0.153　　B. 0.9、0.3　　C. 0.7、0.45　　D. 0.9、0.45

8. 计算电缆保护管长度时，设计无规定者，穿过建（构）筑物外墙时，从基础外缘起增加（　　）m，增加保护管长度。

A. 2　　B. 1　　C. 2.5　　D. 3

9. 电缆进入建筑物的预留长度按照（　　）m考虑。

A. 2　　B. 1.5　　C. 2.5　　D. 3

10. 电缆敷设驰度、波形弯度、交叉时，预留长度按照（　　）%考虑。

A. 2　　B. 1.5　　C. 2.5　　D. 3

11. 电力电缆和控制电缆均按照一根电缆有（　　）个终端头计算。

A. 1　　B. 2　　C. 3　　D. 4

二、多选题

1. 计算电缆敷设长度时，应考虑因（　　）等所增加的长度以及电缆与设备连接、电缆接头等必要的预留长度。

A. 波形敷设　　B. 弛度　　C. 电缆绕梁　　D. 电缆绕柱

E. 电缆绕墙

2. 桥架按材质不同，可分为（　　）。

A. 钢制桥架　　B. 玻璃钢桥架　　C. 铝合金桥架　　D. 塑料桥架

E. 组合桥架

3. 桥架按照类型不同，可分为（　　）、组合式桥架、复合支架、防火桥架等。

A. 槽式桥架　　B. 梯式桥架　　C. 托盘式桥架　　D. 金属桥架

E. 塑料桥架

三、判断题

1. 电缆沟揭、盖、移动盖板工程量计算，应根据施工组织设计，以揭一次与盖一次或移出一次与移回一次为计算基础，按照实际揭与盖或移出与移回的次数乘以其长度计算。（　　）

2. 电力电缆敷设工程量计算，是按设计图示尺寸以长度计算，含预留长度，但不包含附加长度。（　　）

3. 电力电缆中间头按照设计规定计算。设计没有规定的，以单根长度400m为标准，每增加400m计算一个中间头，增加长度小于400m 时计算一个中间头。（　　）

2.3.4 拓展知识

资源名称	电缆	电缆敷设方式与直埋电缆敷设	电缆桥架敷设施工工艺	电缆敷设工程计量参考答案
资源类型	视频	视频	视频	文档
资源二维码				

任务 2.4 防雷接地装置安装工程计量与计价

2.4.1 学生任务单

任务名称	防雷接地装置安装工程计量与计价		
学生姓名		班级学号	
同组成员			
任务角色	□编制人员	□复核人员	

任务卡	任务内容	识读【任务图片】，结合教学载体施工图信息，快速、准确计算出接地装置安装工程量，编制出指定项目的分部分项工程量清单，并编制综合单价分析表 接地工程图纸
任务卡	需提交成果	1. 工程量计算表； 2. 分部分项工程和单价措施项目清单与计价表； 3. 综合单价分析表
任务准备	工程量计算规则	

任务实施

工程量计算表

序号	项目名称	计算过程	计量单位	工程量

分部分项工程和单价措施项目清单与计价表

序号	项目编码	项目名称	项目特征描述	计量单位	工程量	金额（元）	
						综合单价	合价

续表

<table>
<tr><td rowspan="16">任务实施</td><td colspan="12">**工程量清单综合单价分析表**</td></tr>
<tr><td>项目编码</td><td colspan="2"></td><td>项目名称</td><td colspan="3"></td><td colspan="2">计量单位</td><td></td><td>工程量</td><td></td></tr>
<tr><td colspan="12">清单综合单价组成明细</td></tr>
<tr><td rowspan="2">定额编号</td><td rowspan="2">定额名称</td><td rowspan="2">定额单位</td><td rowspan="2">数量</td><td colspan="4">单价（元）</td><td colspan="4">合价（元）</td></tr>
<tr><td>人工费</td><td>材料费</td><td>机械费</td><td>管理费和利润</td><td>人工费</td><td>材料费</td><td>机械费</td><td>管理费和利润</td></tr>
<tr><td></td><td></td><td></td><td></td><td></td><td></td><td></td><td></td><td></td><td></td><td></td><td></td></tr>
<tr><td></td><td></td><td></td><td></td><td></td><td></td><td></td><td></td><td></td><td></td><td></td><td></td></tr>
<tr><td colspan="2">人工单价</td><td colspan="6">小计</td><td></td><td></td><td></td><td></td></tr>
<tr><td colspan="2">元/工日</td><td colspan="6">未计价材料费</td><td colspan="4"></td></tr>
<tr><td colspan="8">清单项目综合单价</td><td colspan="4"></td></tr>
<tr><td colspan="2" rowspan="5">材料费明细</td><td colspan="4">主要材料名称、规格、型号</td><td>单位</td><td>数量</td><td>单价（元）</td><td>合价（元）</td><td>暂估单价（元）</td><td>暂估合价（元）</td></tr>
<tr><td colspan="4"></td><td></td><td></td><td></td><td></td><td></td><td></td></tr>
<tr><td colspan="4"></td><td></td><td></td><td></td><td></td><td></td><td></td></tr>
<tr><td colspan="6">其他材料费</td><td>—</td><td></td><td>—</td><td></td></tr>
<tr><td colspan="6">材料费小计</td><td>—</td><td></td><td>—</td><td></td></tr>
</table>

<table>
<tr><td rowspan="2">学习反思</td><td>遇到问题</td><td colspan="6"></td></tr>
<tr><td>解决方法</td><td colspan="6"></td></tr>
<tr><td rowspan="6">过程评价</td><td rowspan="2">自我评价（5分）</td><td>课前学习</td><td>时间观念</td><td>实施方法</td><td>职业素养</td><td>成果质量</td><td>分值</td></tr>
<tr><td></td><td></td><td></td><td></td><td></td><td></td></tr>
<tr><td rowspan="2">小组评价（5分）</td><td>任务承担</td><td>时间观念</td><td>团队合作</td><td>能力素养</td><td>成果质量</td><td>分值</td></tr>
<tr><td></td><td></td><td></td><td></td><td></td><td></td></tr>
<tr><td>综合打分</td><td colspan="6">自我评价分值+小组评价分值：</td></tr>
<tr><td>教师总评</td><td colspan="6">签名：</td></tr>
</table>

2.4.2 知识与技能

1．知识点——防雷及接地装置安装工程组成及项目列项

防雷及接地装置安装工程包含的分项工程如图2.4–1所示。

防雷及接地装置安装工程
- 接地装置安装
- 防雷引下线与接闪器安装
- 建筑物等电位联结

图2.4–1 防雷及接地装置安装工程分项工程

2．知识点——防雷接地装置安装工程量计算规则

防雷接地装置工程计量

（1）接地极制作与安装，根据材质与土质，按照设计图示安装数量计算，以“根”为计量单位。接地极长度按照设计长度计算，设计无规定时，每根按照2.5m计算。

（2）利用桩基础下桩承台接地，根据桩连接根数，按照设计图示数量计算，以“基”为计量单位。

（3）避雷网、避雷引下线、接地母线敷设，按照设计图示尺寸以长度计算（含附加长度），以“m”为计量单位。计算长度时，按照设计图示水平和垂直规定长度3.9%计算附加长度（包括转弯、上下波动、避绕障碍物、搭接头等长度），当设计有规定时，按照设计规定计算。

（4）均压环敷设长度，按照设计需要作为均压接地梁的中心线长度计算，以“m”为计量单位。

（5）当利用基础梁内两根主筋焊接连通作为接地母线时，按照均压环项目计算，编码列项。

（6）断接卡子制作与安装，按照设计规定装设的断接卡子数量计算，以“套”为计量单位。检查井内接地断接卡子的安装，按照每井一套计算。

（7）接地跨接线安装，根据跨接线位置，结合规程规定，按照设计图示跨接数量计算，以“处”为计量单位。钢窗、铝合金窗按照设计要求需要接地时，每一金属窗计算一处。

（8）利用建（构）筑物梁、柱、桩承台等接地时，柱内主筋与梁、柱内主筋与桩承台跨接不另行计算。

（9）电子设备防雷接地装置安装，根据需要避雷的设备，按照个数计算工程量。

（10）阴极保护接地根据设计采取的措施，按照设计用量计算工程量。

（11）等电位装置安装，根据接地系统布置，按照图示安装数量计算，以“套”为计量单位。

（12）接地网测试，以“系统”为计量单位。

1）工程项目连成一个母网时，按照一个系统计算测试工程量；单项工程或单位工程自成母网，不与工程项目母网相连的独立接地网，单独计算一个系统测试工程量。

2）工厂、车间、大型建筑群各自有独立的接地网（按照设计要求），在最后将各接地网连在一起时，需要根据具体的测试情况计算系统测试工程量。

3. 技能点——防雷接地装置安装工程计量与计价示例

防雷接地相关费用及工程量清单设置信息

【例】已知：某防雷接地装置安装工程施工图如图2.4−2所示，建筑檐高12m，室外地坪标高为−0.45m。经实测接地电阻大于1Ω，达不到设计要求，在建筑物外围增补人工接地极，土壤为普通土。图上数据表示水平长度。该工程相关费用及工程量清单项目设置信息扫码获取。

问题：

（1）试计算出该工程防雷引下线、接地装置安装工程量；

（2）编制该工程防雷引下线、接地装置安装分部分项工程量清单；

（3）编制角钢接地极的综合单价分析表。

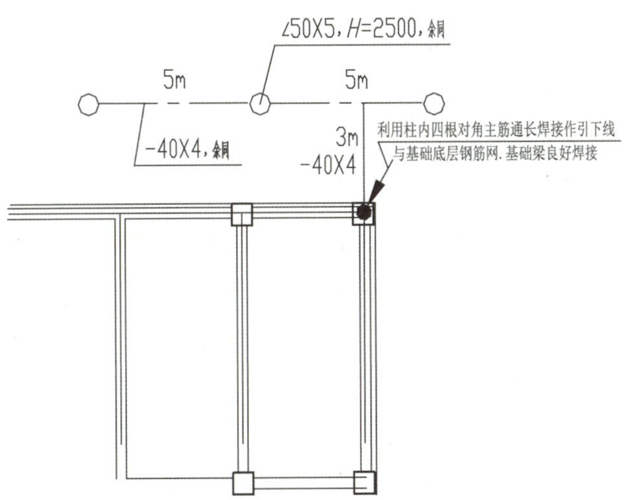

图2.4−2 某防雷接地装置安装工程平面图

【答案】

利用建筑结构钢筋引下时，主要工作内容为焊接成电气通路。断接卡子单独计算。避雷引下线工程量计算时，通常计算的起止点为从室外地坪计算至檐口高度。

避雷网和接地母线敷设工程量计算切记不要忘记全长3.9%的附加长度。

解（问题1）：列表计算工程量，防雷接地工程量计算过程见表2.4−1。

工程量计算表 表2.4-1

序号	项目名称	计算过程	计量单位	工程量
1	角钢∠50×5，接地极H=2500	—	根	3
2	户外接地母线，镀锌扁钢 –40×4	（3+5×2）×（1+3.9%）	m	13.51
3	引下线，利用柱主筋	（12+0.45）×4（利用柱内四根对角主筋）	m	49.80

注：利用柱主筋作为引下线时，需要特别注意利用柱内主筋的根数。

解（问题2）：防雷接地的分部分项工程量清单编制，见表2.4-2。

接地极清单编制及综合单价计算

分部分项工程量清单与计价表 表2.4-2

序号	项目编码	项目名称	项目特征描述	计量单位	工程量	金额（元）		
						综合单价	合价	其中 暂估价
1	030409001003	角钢接地极	（1）名称：独立接地极 （2）材质：角钢 （3）规格：∠50×5，H=2500 （4）土质：普通土 （5）基础接地形式：独立接地极	根	3			
2	030409002002	户外接地母线	（1）名称：户外接地母线敷设 （2）材质：热镀锌扁钢 （3）规格：40×4 （4）安装部位：户外 （5）安装形式：直埋	m	15.31			
3	030409003003	避雷引下线	（1）名称：避雷引下线敷设 （2）材质：镀锌圆钢 （3）规格：16mm （4）安装部位、形式：利用柱主筋	m	49.80			

解（问题3）：编制角钢接地极分部分项工程量清单综合单价分析表，见表2.4-3。

综合单价分析表　　表2.4-3

<table>
<tr><td colspan="2">项目编码</td><td colspan="2">030409001003</td><td colspan="2">项目名称</td><td colspan="2">角钢接地极</td><td>计量单位</td><td>根</td><td>工程量</td><td>3</td></tr>
<tr><td colspan="12">清单综合单价组成明细</td></tr>
<tr><td rowspan="2">定额编号</td><td rowspan="2">定额项目名称</td><td rowspan="2">定额单位</td><td rowspan="2">数量</td><td colspan="4">单价（元）</td><td colspan="4">合价（元）</td></tr>
<tr><td>人工费</td><td>材料费</td><td>机械费</td><td>管理费和利润</td><td>人工费</td><td>材料费</td><td>机械费</td><td>管理费和利润</td></tr>
<tr><td>4–979</td><td>接地极（板）制作与安装角钢接地极普通土</td><td>根</td><td>1</td><td>20.7</td><td>45.75</td><td>11.76</td><td>5.19</td><td>20.7</td><td>45.75</td><td>11.76</td><td>5.19</td></tr>
<tr><td colspan="2">人工单价</td><td colspan="6">小计</td><td>20.7</td><td>45.75</td><td>11.76</td><td>5.19</td></tr>
<tr><td colspan="2">合计工日：108.95元/工日</td><td colspan="6">未计价材料费</td><td colspan="4">43.28</td></tr>
<tr><td colspan="8">清单项目综合单价</td><td colspan="4">83.40</td></tr>
<tr><td rowspan="4">材料费明细</td><td colspan="5">主要材料名称、规格、型号</td><td>单位</td><td>数量</td><td>单价（元）</td><td>合价（元）</td><td>暂估单价（元）</td><td>暂估合价（元）</td></tr>
<tr><td colspan="5">热轧等边角钢，型号 2～5.6</td><td>kg</td><td>9.15</td><td>4.73</td><td>43.28</td><td></td><td></td></tr>
<tr><td colspan="7">其他材料费</td><td>—</td><td>2.47</td><td>—</td><td></td></tr>
<tr><td colspan="7">材料费小计</td><td>—</td><td>45.75</td><td>—</td><td></td></tr>
</table>

计算时点月份2～5.6号等边角钢信息价为4730元/t，需要将单位“t”换算成“kg”，即4.73元/kg。查《常用角钢的规格型号及理论重量表》可知，等边角钢50×5的型号为5号。

局部等电位箱套用等电位端子盒，总等电位箱执行等电位端子盒定额其人工乘以系数1.2。

另需要注意，独立接地装置与接地网需要分开测试。

2.4.3 问题思考

一、单选题

1. 依据《通用安装工程工程量计算规范》GB 50856，利用基础钢筋作接地极时，应执行的清单项目是（　　）。

A. 接地极项目　　B. 均压环项目

C. 柱引下线项目　　D. 基础钢筋项目

2. 计算接地极工程量，接地极长度设计无规定时，每根按照（　　）m计算。

A. 2　　B. 2.5　　C. 3　　D. 5

3. 利用桩基础作接地极时，应描述桩台下桩的根数，每桩台下需焊接柱筋根数，其工程量按（　　）计算。

A. 接地跨接　　B. 均压环　　C. 柱引下线　　D. 接地母线

4. 接地母线、引下线、避雷网附加长度按其全长的（　　）%计算。

A. 2　　B. 2.5　　C. 3.9　　D. 5

二、多选题

1. 接地母线附加长度包括（　　）等长度，当设计有规定时，按照设计规定计算。

A. 转弯　　B. 上下波动　　C. 避绕障碍物　　D. 搭接头

E. 损耗

2. 接地极制作与安装，根据（　　）不同，按照设计图示安装数量计算。

A. 直径　　B. 材质　　C. 半径　　D. 土质

E. 长度

三、判断题

1. 均压环敷设长度按照设计需要作为均压接地梁的中心线长度计算。（　　）

2. 利用柱筋作引下线的，需描述柱筋焊接根数。（　　）

3. 利用圈梁筋作均压环的，需描述圈梁筋焊接根数。（　　）

4. 工程项目连成一个母网时，按照一个系统计算测试工程量；单项工程自成母网，不与工程项目母网相连的独立接地网，单独计算一个系统测试工程量。（　　）

2.4.4 拓展知识

资源名称	防雷系统的组成	接地装置的组成	防雷接地工程计量参考答案
资源类型	视频	视频	文档
资源二维码			

项目 3

建筑智能化安装工程计量与计价

任务3.1 综合布线与网络系统安装工程计量与计价

任务3.2 建筑设备自动化系统工程计量与计价

任务3.3 安全防范系统工程计量与计价

任务3.4 音频、视频系统工程计量与计价

任务3.5 有线电视、卫星接收系统工程计量与计价

任务3.6 火灾自动报警系统工程计量与计价

【教学载体】某综合楼建筑智能化安装工程施工图设计文件。

【教学目标】

知识目标	能力目标	素养目标
1. 了解建筑智能化各系统分部分项工程组成； 2. 熟悉建筑智能化安装工程工程量计算规则	1. 能够依据专业技术知识对建筑智能化安装工程进行计量； 2. 具有依据专业知识，编制建筑智能化招标工程量清单的能力； 3. 具有依据专业知识，计算建筑智能化分部分项工程综合单价的能力	1. 具备团队合作精神； 2. 执着专注，精益求精

微分享：在北京2022年冬奥会期间，国家游泳中心（简称“水立方”）变身为“冰立方”，成为冬奥冰壶和轮椅冰壶项目竞赛场馆，建设团队不断创新应用理念，融入5G、大数据等新一代科技，将大功率 LED 照明产品、智能照明控制与节能、冰上场地天然采光与节能等多项关键技术成功应用于工程实践，极大地提升了场馆智能化水平。同学们也应该继承和发扬北京冬奥精神，胸怀大局、自信开放、迎难而上、追求卓越、共创未来。

【思维导图】

建筑智能化安装工程计量与计价

- 综合布线与网络系统安装工程计量与计价
  - 计算机网络设备按设计图示数量计算
  - 综合布线线缆敷设按设计图示尺寸计算
  - 机柜、机架、配线架、信息插座安装按设计图示数量计算
  - 系统调试与试运行按设计图示数量计算
- 建筑设备自动化系统工程计量与计价
  - 传感器安装按设计图示数量计算
  - 执行器安装按设计图示数量计算
  - 控制器、箱安装按设计图示数量计算
  - 能耗系统安装调试按设计图示数量计算
- 安全防范系统工程计量与计价
  - 入侵报警系统设备安装按设计图示数量计算
  - 出入口控制系统设备安装按设计图示数量计算
  - 视频监控系统设备安装按设计图示数量计算
  - 巡更、安全检查、停车场管理系统设备安装按设计图示数量计算
  - 安全防范系统运行调试按设计图示数量计算
- 音频、视频系统工程计量与计价
  - 扩声系统按设计图示数量计算
  - 公共广播系统按设计图示数量计算
  - 视频会议系统按设计图示数量计算
- 有线电视、卫星接收系统工程计量与计价
  - 同轴电缆布放，按设计图示尺寸计算
  - 设备安装、调试按设计图示数量计算
  - 桥架、托盘、槽盒、导管安装执行《电气设备安装工程》相应项目
- 火灾自动报警系统工程计量与计价
  - 探测器类设备安装按设计图示数量计算
  - 控制器类设备安装按设计图示数量计算
  - 其他设备安装按设计图示数量计算

任务 3.1 综合布线与网络系统安装工程计量与计价

3.1.1 学生任务单

任务名称	综合布线与网络系统工程计量与计价		
学生姓名		班级学号	
同组成员			
任务角色	□编制人员　　□复核人员		

任务卡	任务内容	识读【任务图片】，结合教学载体施工图纸信息，快速、准确计算出综合布线系统工程量，编制出指定项目的分部分项工程量清单，并编制综合单价分析表 综合布线工程图纸
任务卡	需提交成果	1. 工程量计算表； 2. 分部分项工程和单价措施项目清单与计价表； 3. 综合单价分析表
任务准备	工程量计算规则	

任务实施

工程量计算表

序号	项目名称	计算过程	计量单位	工程量

分部分项工程和单价措施项目清单与计价表

序号	项目编码	项目名称	项目特征描述	计量单位	工程量	金额（元）	
						综合单价	合价

续表

<table>
<tr><td rowspan="15">任务实施</td><td colspan="12">工程量清单综合单价分析表</td></tr>
<tr><td>项目编码</td><td colspan="2"></td><td>项目名称</td><td colspan="3"></td><td colspan="2">计量单位</td><td></td><td>工程量</td><td></td></tr>
<tr><td colspan="12">清单综合单价组成明细</td></tr>
<tr><td rowspan="2">定额编号</td><td rowspan="2">定额名称</td><td rowspan="2">定额单位</td><td rowspan="2">数量</td><td colspan="4">单价（元）</td><td colspan="4">合价（元）</td></tr>
<tr><td>人工费</td><td>材料费</td><td>机械费</td><td>管理费和利润</td><td>人工费</td><td>材料费</td><td>机械费</td><td>管理费和利润</td></tr>
<tr><td></td><td></td><td></td><td></td><td></td><td></td><td></td><td></td><td></td><td></td><td></td><td></td></tr>
<tr><td></td><td></td><td></td><td></td><td></td><td></td><td></td><td></td><td></td><td></td><td></td><td></td></tr>
<tr><td colspan="2">人工单价</td><td colspan="6">小计</td><td></td><td></td><td></td><td></td></tr>
<tr><td colspan="2">元/工日</td><td colspan="6">未计价材料费</td><td colspan="4"></td></tr>
<tr><td colspan="8">清单项目综合单价</td><td colspan="4"></td></tr>
<tr><td rowspan="5">材料费明细</td><td colspan="5">主要材料名称、规格、型号</td><td>单位</td><td>数量</td><td>单价（元）</td><td>合价（元）</td><td>暂估单价（元）</td><td>暂估合价（元）</td></tr>
<tr><td colspan="5"></td><td></td><td></td><td></td><td></td><td></td><td></td></tr>
<tr><td colspan="5"></td><td></td><td></td><td></td><td></td><td></td><td></td></tr>
<tr><td colspan="7">其他材料费</td><td>—</td><td></td><td>—</td><td></td></tr>
<tr><td colspan="7">材料费小计</td><td>—</td><td></td><td>—</td><td></td></tr>
<tr><td rowspan="2">学习反思</td><td>遇到问题</td><td colspan="11"></td></tr>
<tr><td>解决方法</td><td colspan="11"></td></tr>
<tr><td rowspan="6">过程评价</td><td rowspan="2">自我评价（5分）</td><td colspan="2">课前学习</td><td colspan="2">时间观念</td><td colspan="2">实施方法</td><td colspan="2">职业素养</td><td colspan="2">成果质量</td><td>分值</td></tr>
<tr><td colspan="2"></td><td colspan="2"></td><td colspan="2"></td><td colspan="2"></td><td colspan="2"></td><td></td></tr>
<tr><td rowspan="2">小组评价（5分）</td><td colspan="2">任务承担</td><td colspan="2">时间观念</td><td colspan="2">团队合作</td><td colspan="2">能力素养</td><td colspan="2">成果质量</td><td>分值</td></tr>
<tr><td colspan="2"></td><td colspan="2"></td><td colspan="2"></td><td colspan="2"></td><td colspan="2"></td><td></td></tr>
<tr><td>综合打分</td><td colspan="11">自我评价分值+小组评价分值：</td></tr>
<tr><td>教师总评</td><td colspan="11">签名：</td></tr>
</table>

3.1.2 知识与技能

1. 知识点——计算机网络与综合布线系统组成及项目列项

综合布线系统的组成

计算机应用、网络系统工程主要包括信息网络系统、信息化应用系统等子系统分部工程，其分项工程如图3.1–1所示。

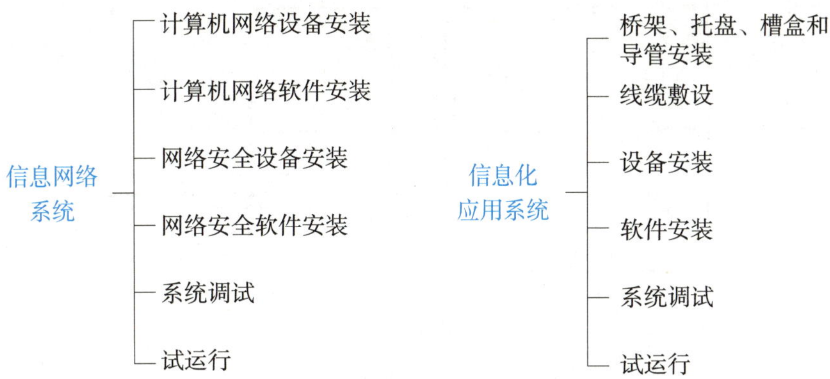

图3.1–1　计算机应用、网络系统分项工程

综合布线系统分项工程如图3.1–2所示。

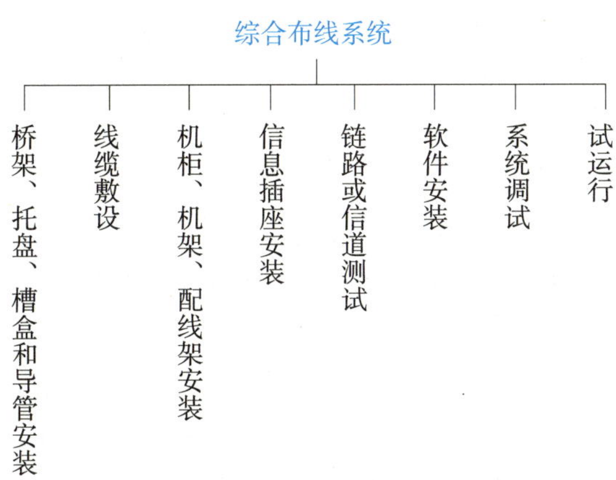

图3.1–2　综合布线系统分项工程

综合布线系统组成及设置情况如图3.1–3所示。

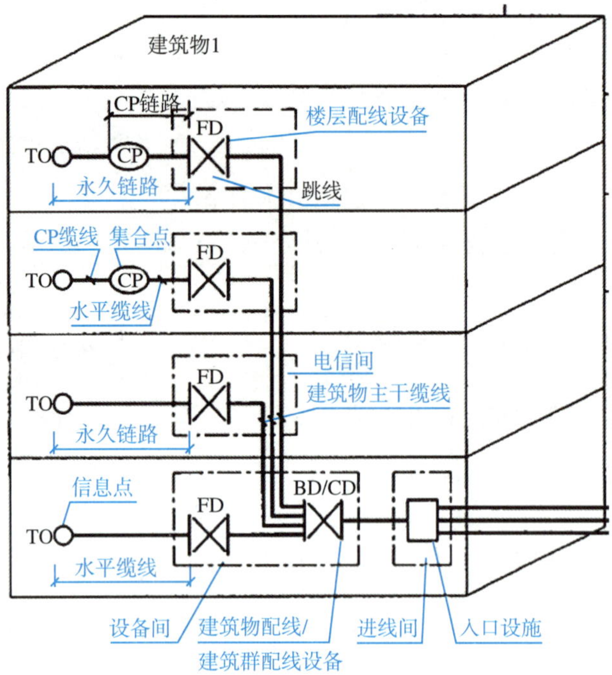

图3.1-3　综合布线系统设置示意

2. 知识点——桥架、托盘、槽盒和导管安装工程量计算规则与方法

桥架、托盘、槽盒和导管安装执行《电气设备安装工程》相应项目，具体详见任务2.2和任务2.3。

3. 知识点——计算机应用与网络系统工程量计算规则与方法

计算机应用与网络系统工程计量

（1）输入设备、输出设备、控制设备、存储设备、插箱、台架，按设计图示数量计算，以“台”为计量单位。

（2）互联电缆，按设计图示数量计算，以“条”为计量单位。

（3）接口卡、集线器、路由器、收发器、防火墙、交换机、网络服务器，按设计图示数量计算，以“台（套）”为计量单位。

（4）无线设备、无线控制器，按设计图示数量计算，以“套”为计量单位。

（5）软件安装、调试，按设计图示数量计算，以“套”为计量单位。

（6）计算机应用、网络系统接地、计算机应用、网络系统联调、计算机应用、网络系统试运行，按设计图示数量计算，以“系统”为计量单位。

（7）上述安装、调试项目不包括以下内容：

1）系统设备本身的功能性故障排除；

2）缺件、配件的制作；

3）在特殊环境条件下的设备加固、防护和电缆屏蔽；

4）应用软件的开发；病毒的清除、版本升级与外系统的校验或统调；

5）与计算机系统以外的外系统联试、校验或统调；

6）排除由于软件本身缺陷造成的故障；

7）排除软件不配套或不兼容造成的运转失灵，排除硬件系统的故障引起的失灵、操作系统发生故障中断、诊断程序运行失控等故障；

8）在特殊环境条件下的软件安装、防护。

4. 知识点——综合布线系统线缆敷设工程量计算规则与方法

综合布线系统工程计量

（1）综合布线线缆

综合布线线缆主要有双绞线缆、大对数电缆和光缆，如图3.1–4所示。

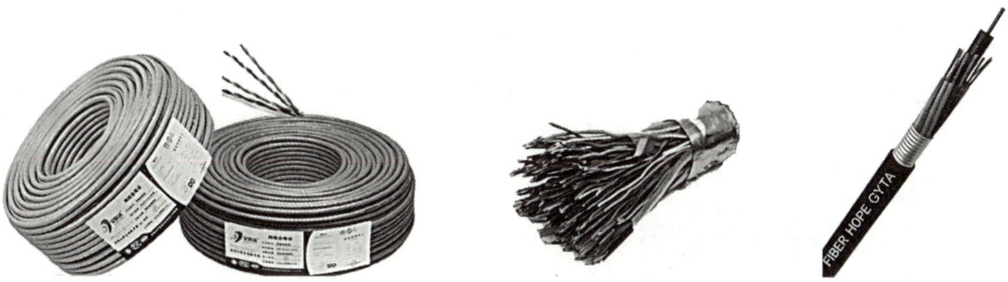

（a）　　（b）　　（c）

图3.1–4　综合布线线缆

（a）双绞线缆；（b）大对数电缆；（c）6芯单模光缆

双绞线缆指超五类屏蔽或非屏蔽双绞线、大对数线缆、光缆等。双绞线缆对数主要有2、4、8、10、20对；大对数电缆是指25、50、100、200对以上线缆；光缆芯数主要有2、4、8、12、24、48、96、144芯。

双绞线缆、大对数电缆和光缆敷设、穿放、明布放，工程量根据线缆对数及规格，区别敷设方式或安装方式（线槽、穿管等），按设计图示尺寸以单根延长米计算，以“m”为计量单位；电缆附加及预留的长度是电缆敷设长度的组成部分。如一个架上敷设3根各长100m的电缆，应按300m计算，依次类推。

除双绞线缆、大对数电缆、光缆外，本系统其他电源线、控制电缆敷设按照电气设备安装工程相应项目计算、编码列项。

（2）光纤盒、光缆终端盒、分线接线箱（盒），按设计图示数量计算，以“个”为计量单位。

（3）光纤跳线、双绞跳线制作安装，按设计图示数量计算，以“条”为计量单位，如图3.1–5所示。

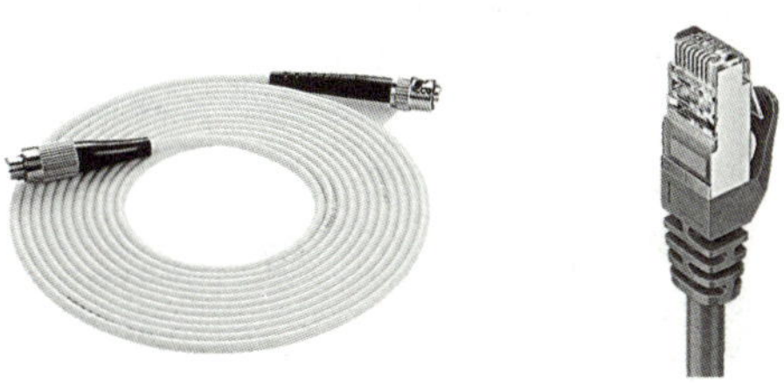

图3.1–5　光纤跳线与双绞跳线

（4）光纤连接，按设计图示数量计算，以“芯”（磨制法以“端口”）为计量单位。

（5）布放尾纤，按设计图示数量计算，以“根”为计量单位。一根光纤有2个端头，每个端头均需要布放尾纤，如图3.1–6所示。

图3.1–6　光纤终端盒及布放尾纤

5. 知识点——机柜、机架、配线架安装工程量计算规则与方法

（1）机柜、机架、抗震底座安装，按设计图示数量计算，以“台”为计量单位，如图3.1–7所示。

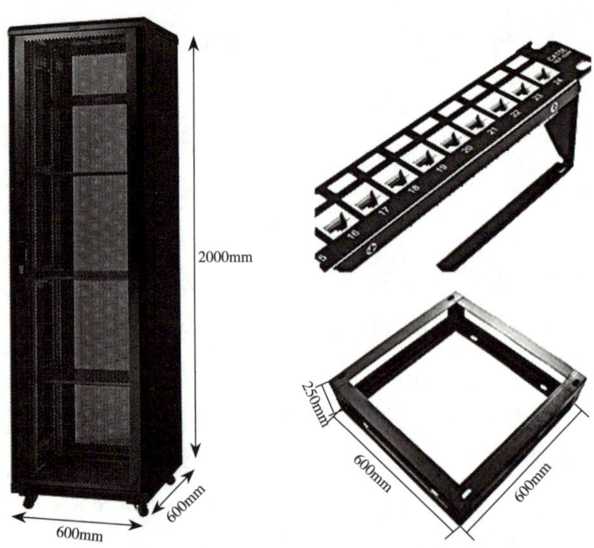

图3.1–7　网络机柜、配线架、抗震底座

（2）双绞线配线架、跳线架安装，按设计图示数量计算，以“个”为计量单位。

（3）线管理器、跳块安装，按设计图示数量计算，以“个”为计量单位。

6. 知识点——信息插座安装及系统调试、运行工程量计算规则与方法

（1）各种信息插座及插座盒，按设计图示数量计算，以“个”为计量单位。

（2）双绞线缆测试、光纤测试，按设计图示数量计算，以“链路（点、芯）”为计量单位。

（3）系统调试与试运行，按设计图示数量计算，以“系统”为计量单位。

7. 知识点——综合布线系统光缆预留长度的规定

根据《民用建筑电气设计标准》GB 51348—2019、《综合布线系统工程设计规范》GB 50311—2016和《综合布线系统工程验收规范》GB/T 50312—2016要求，室内光缆预留长度应符合下列规定：

（1）光缆布放路由宜盘留，预留长度宜为3～5m；

（2）光缆在配线柜（架）处预留长度应为3～5m；

（3）光缆在楼层配线箱处光纤预留长度应为1～1.5m；

（4）光缆在信息配线箱终接时预留长度不应小于0.5m。

8. 技能点——综合布线系统工程计量与计价示例

【例】已知：某综合楼综合布线系统如图3.1-8、图3.1-9所示，楼层高度为4m。图示尺寸线标注尺寸数字为该段管线的水平长度，单位为mm。弱电机房至弱电间机柜干线为1根6芯室内多模光缆；配线子系统的配线均为6类4对UTP双绞线缆，出桥架后穿电线管MT20暗敷设。数据机房出线机柜及弱电间机柜规格尺寸为600mm×2000mm×600mm，机房内设备不参与计算。

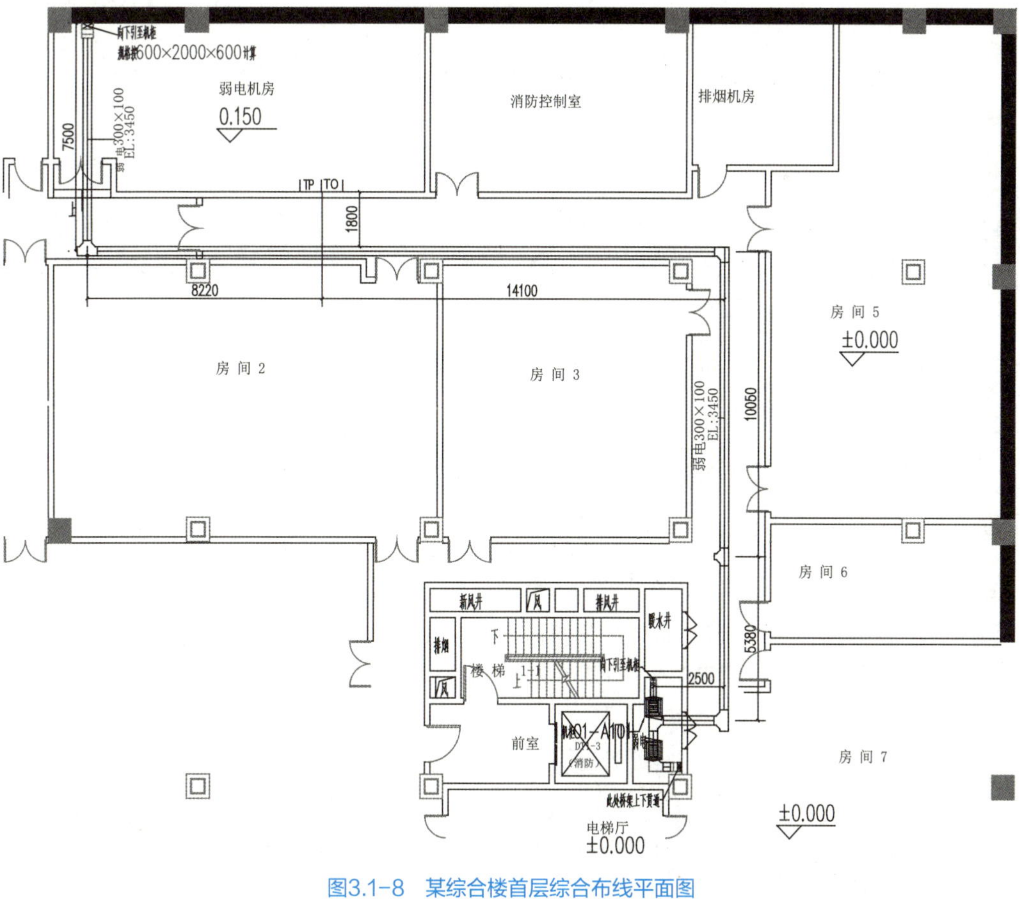

图3.1-8　某综合楼首层综合布线平面图

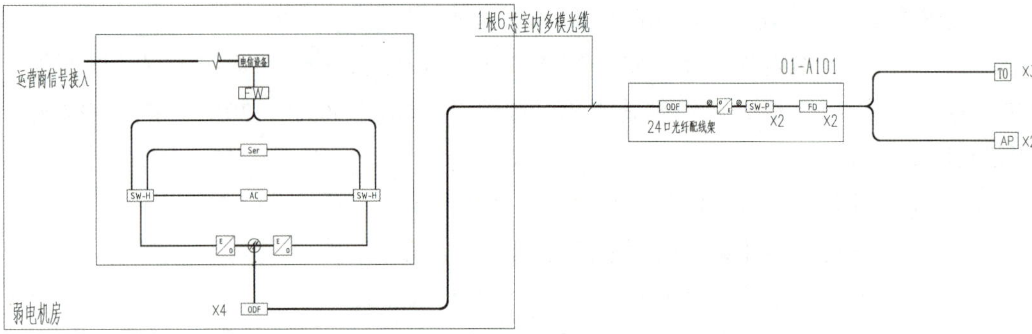

图3.1-9　某综合楼首层综合布线系统图

该工程相关费用及工程量清单项目设置信息扫码获取。

综合布线系统相关费用及工程量清单设置信息

问题：

（1）试计算该工程综合布线系统工程量；

（2）编制该工程综合布线系统分部分项工程量清单；

（3）编制该工程多模光缆的综合单价分析表。

【答案】

解（问题1）：列表计算工程量，综合布线系统工程量计算过程见表3.1-1。

工程量计算表　　表3.1-1

序号	项目名称	计算过程	计量单位	工程量
1	弱电机柜01-A101	在弱电间安装	台	1
2	抗震底座	角钢，规格为600mm×600mm×250mm	个	1
3	24口POE交换机	在弱电间机柜内	台	2
4	电缆桥架300×100	弱电机房至机柜01-A101： 垂直（3.45+0.1/2−2−0.25）（机柜顶距金属桥架立管）+水平（7.5+8.22+14.1+10.05+5.38+2.5）+垂直（3.45+0.1/2−2−0.25）（桥架距24口光纤配线架立管）	m	50.25
5	6芯室内多模光缆	弱电机房至弱电间机柜01-A101的24口光纤配线架： 50.25×（1+2.5%）（敷设弛度预留）+（0.6+2）×2（柜体预留半周长）	m	56.71
6	电线管MT20	1.8（水平长度）+（4−3.45−0.1/2）（桥架上部立管）+（4−0.3）（信息插座上立管）	m	6.00
7	桥架内敷设6类4对UTP线缆	[（2.5+5.38+10.05+14.10）（水平）+（3.45+0.1/2−2−0.25）（桥架距24口光纤配线架立管）]×（1+2.5%）+（0.6+2）（柜体预留半周长）	m	36.71

续表

序号	项目名称	计算过程	计量单位	工程量
8	管内敷设6类4对UTP线缆	桥架至信息插座： ［1.8+（4−3.45−0.05）+（4−0.3）］×（1+2.5%）	m	6.15
9	多模光纤跳线	机柜内24口光配线架至12口POE交换机	条	5
10	6类RJ45数据跳线（2m）	弱电间的交换机到6类12口非屏蔽配线架：3+2=5	条	5
11	6类24口非屏蔽配线架	在弱电间机柜内	个	2
12	信息插座底盒	—	个	1
13	信息插座 8位模块式，单口	—	个	1
14	光缆终端盒（6芯，24口光纤配线架）	在弱电间机柜内	个	1
15	光纤连接 熔接，多模	6芯光缆与6根尾纤连接	芯	6
16	布放尾纤	终端盒至光纤配线架，6芯光缆对应6根尾纤布放进入光缆终端盒	根	6
17	线管理器（铝合金型材，12位）	在弱电间机柜内	个	8
18	双绞线测试	—	链路	1
19	光纤测试	—	链路	1

解（问题2）：综合布线系统的分部分项工程量清单编制，见表3.1−2。

分部分项工程量清单与计价表　　表3.1−2

序号	项目编码	项目名称	项目特征描述	计量单位	工程数量	金额（元）		
						综合单价	合价	其中：暂估价
1	030501012001	交换机	（1）名称：24口POE交换机 （2）功能：网络交换 （3）层数：二层	台	2			

续表

序号	项目编码	项目名称	项目特征描述	计量单位	工程数量	金额（元）		
						综合单价	合价	其中：暂估价
2	030502001001	弱电机柜	（1）名称：19英寸标准机柜 （2）材质：合金 （3）规格：600mm×2000mm×600mm （4）安装方式：落地安装	台	1			
3	030502002001	抗震底座	（1）名称：机柜安装基础 （2）材质：角铁 （3）规格：600mm×600mm×250mm （4）安装方式：落地安装	个	1			
4	030502005001	双绞线缆	（1）名称：6类4对双绞线缆 （2）规格：6类UTP （3）线缆对数：4对 （4）敷设方式：线槽内布放	m	36.71			
5	030502005002	双绞线缆	（1）名称：6类4对双绞线缆 （2）规格：6类UTP （3）线缆对数：4对 （4）敷设方式：管内穿放	m	6.15			
6	030502007001	多模光缆	（1）名称：室内多模光缆 （2）规格：6芯 （3）敷设方式：电缆线槽内布放	m	56.71			
7	030502009001	跳线	（1）名称：光纤跳线 （2）类别：多模 （3）规格：3m	条	5			
8	030502009002	跳线	（1）名称：双绞线跳线 （2）类别：非屏蔽数据跳线 （3）规格：6类RJ45，2m	条	5			
9	030502010001	配线架	（1）名称：非屏蔽6类RJ45型配线架 （2）规格：1U （3）容量：24口	个	2			

续表

序号	项目编码	项目名称	项目特征描述	计量单位	工程数量	金额（元）		
						综合单价	合价	其中：暂估价
10	030502012001	信息插座底盒	（1）名称：信息插座底盒 （2）规格：塑料75mm × 75mm × 40mm （3）安装方式：砖墙内	个	1			
11	030502012002	信息插座	（1）名称：单孔信息插座 （2）类别：8位模块式，单口 （3）规格：86mm × 86mm （4）安装方式：距地0.3m暗装	个	1			
12	030502014001	光纤连接	（1）方法：熔接 （2）模式：多模	芯	6			
13	030502015001	光缆终端盒	（1）名称：24口光纤配线架 （2）光缆芯数：6芯	个	1			
14	030502016001	布放尾纤	（1）名称：1m 6芯多模LC尾纤（0.9mm，9/125，LSZH） （2）规格：FJ1ALC–S1 （3）安装方式：终端盒至光纤配线架	根	6			
15	030502017001	线管理器	（1）名称：金属理线器（铝合金型材，12位），70mm （2）型号：CP210L （3）规格：70mm （4）安装方式：机柜内	个	8			
16	030502019001	双绞线缆测试	测试类别：4对双绞线测试	链路	1			
17	030502020001	光纤测试	测试类别：光纤测试	链路	1			
18	030502021001	综合布线系统调试	调试内容：1个点	系统	1			
19	030502020003	综合布线系统试运行	试运行类别：综合布线系统试运行	系统	1			

续表

<table>
<tr><th rowspan="2">序号</th><th rowspan="2">项目编码</th><th rowspan="2">项目名称</th><th rowspan="2">项目特征描述</th><th rowspan="2">计量单位</th><th rowspan="2">工程数量</th><th colspan="3">金额（元）</th></tr>
<tr><th>综合单价</th><th>合价</th><th>其中：暂估价</th></tr>
<tr><td>20</td><td>030411001001</td><td>配管</td><td>（1）名称：电线管
（2）材质：镀锌
（3）规格：MT20
（4）配置形式：沿墙沿楼板暗敷设</td><td>m</td><td>6.00</td><td></td><td></td><td></td></tr>
<tr><td>21</td><td>030408004001</td><td>桥架</td><td>（1）名称：钢制桥架
（2）型号规格：300mm×100mm，1.5mm
（3）材质：钢制桥架
（4）类型：槽盒桥架</td><td>m</td><td>50.25</td><td></td><td></td><td></td></tr>
</table>

解（问题3）：编制多模光缆分部分项工程量清单综合单价分析表，见表3.1-3。

综合单价分析表　　表3.1-3

<table>
<tr><td colspan="2">项目编码</td><td colspan="2">030502007001</td><td colspan="2">项目名称</td><td colspan="2">多模光缆</td><td>计量单位</td><td>m</td><td>工程量</td><td>56.71</td></tr>
<tr><td colspan="12">清单综合单价组成明细</td></tr>
<tr><td rowspan="2">定额编号</td><td rowspan="2">定额项目名称</td><td rowspan="2">定额单位</td><td rowspan="2">数量</td><td colspan="4">单价（元）</td><td colspan="4">合价（元）</td></tr>
<tr><td>人工费</td><td>材料费</td><td>机械费</td><td>管理费和利润</td><td>人工费</td><td>材料费</td><td>机械费</td><td>管理费和利润</td></tr>
<tr><td>5-156</td><td>光缆，管内穿放≤12芯</td><td>10m</td><td>0.1</td><td>17.6</td><td>81.74</td><td>0.21</td><td>2.85</td><td>1.76</td><td>8.17</td><td>0.02</td><td>0.28</td></tr>
<tr><td colspan="2">人工单价</td><td colspan="6">小计</td><td>1.76</td><td>8.17</td><td>0.02</td><td>0.28</td></tr>
<tr><td colspan="2">合计工日：103.53元/工日</td><td colspan="6">未计价材料费</td><td colspan="4">8.15</td></tr>
<tr><td colspan="8">清单项目综合单价</td><td colspan="4">10.23</td></tr>
<tr><td rowspan="3">材料费明细</td><td colspan="5">主要材料名称、规格、型号</td><td>单位</td><td>数量</td><td>单价（元）</td><td>合价（元）</td><td>暂估单价（元）</td><td>暂估合价（元）</td></tr>
<tr><td colspan="5">室内多模软光缆品种：GJ通信用室（局）内光缆；型号：GJFJV；工作类型：多模；芯数：6；规格型号：GJFJV-6A1</td><td>m</td><td>1.02</td><td>7.99</td><td>8.15</td><td></td><td></td></tr>
<tr><td colspan="7">材料费小计</td><td>—</td><td>8.15</td><td>—</td><td></td></tr>
</table>

计算综合单价时，多模光缆主材数量应考虑损耗，每米表内规格光缆的主材含量为1.02m。

套用定额时的注意事项：

（1）双绞线缆的敷设及配线架、跳线架等的安装、打接等定额量，是按超五类非屏蔽布线系统编制的，高于超五类的布线工程所用定额子目人工乘以系数1.1，屏蔽系统人工乘以系数1.2。

（2）在已建天棚内敷设线缆时，所用定额子目人工乘以系数1.5。

3.1.3 问题思考

一、单选题

1. 综合布线采用的线缆主要有双绞线缆、（　　）和光缆。

A. UTP电缆　　B. 大对数电缆　　C. 电力电缆　　D. 控制电缆

2. 综合布线光缆敷设的方式主要有管内穿放、线槽内布放和（　　）。

A. 埋地敷设　　B. 电缆沟敷设　　C. 桥架内布放　　D. 竖井内布放

3. 配线架和跳线架适用于（　　）。

A. 双绞线缆　　B. 光缆　　C. 光纤　　D. 电力电缆

4. 依据《通用安装工程工程量计算规范》GB 50856，6芯室内多模光缆应执行的清单项目是（　　）。

A. 双绞线缆　　B. 大对数电缆　　C. 光缆　　D. 控制电缆

5. 依据《通用安装工程工程量计算规范》GB 50856，6类UTP应执行的清单项目是（　　）。

A. 双绞线缆　　B. 大对数电缆　　C. 光缆　　D. 控制电缆

6. 依据《通用安装工程工程量计算规范》GB 50856，多模光纤跳线应执行的清单项目是（　　）。

A. 双绞线缆　　B. 光纤束　　C. 光缆　　D. 跳线

7. 依据《通用安装工程工程量计算规范》GB 50856，24口光纤配线架应执行的清单项目是（　　）。

A. 光纤盒　　B. 配线架　　C. 跳线架　　D. 光缆终端盒

8. 依据《通用安装工程工程量计算规范》GB 50856，非屏蔽6类RJ45型配线架应执行的清单项目是（　　）。

A. 光纤盒　　B. 配线架　　C. 跳线架　　D. 光缆终端盒

9. 依据《通用安装工程工程量计算规范》GB 50856，24口POE交换机应执行的清单项目是（　　）。

A. 机柜　　B. 机架　　C. 交换机　　D. 光缆终端盒

二、多选题

1．下列这些符号代表屏蔽双绞线缆的是（　　）。

A．UTP　　B．FTP　　C．STP

D．SFTP　　E．SYWV

2．双绞线缆、大对数电缆和光缆敷设、穿放、明布放，工程量根据（　　）不同，按设计图示尺寸以单根延长米计算。

A．线缆对数　　B．线缆规格　　C．敷设方式

D．安装方式　　E．长度

三、判断题

1．计算双绞线缆、大对数电缆、光缆工程量时，根据线缆对数及规格，不需要区别敷设方式或安装方式。（　　）

2．线管沿墙面垂直方向敷设时，其工程量就是楼层高度减去弱电箱安装高度。（　　）

3．跳线项目包含光纤跳线。（　　）

4．光纤盒在消耗量定额中对应的是光纤连接盘，是光纤的终端，与信息插座配合使用。（　　）

5．UTP CAT5.025～100表示5类大对数（25～100对）铜缆。（　　）

3.1.4 拓展知识

资源名称	光缆	双绞线缆及大对数电缆	综合布线系统图例符号	综合布线计量与计价参考答案
资源类型	视频	视频	文档	文档
资源二维码				

任务 3.2 建筑设备自动化系统工程计量与计价

3.2.1 学生任务单

任务名称	建筑设备自动化系统工程计量与计价		
学生姓名		班级学号	
同组成员			
任务角色	□编制人员　　□复核人员		

任务卡	任务内容	识读【任务图片】，结合教学载体施工图纸信息，快速、准确计算出建筑设备自动化系统工程量，编制出指定项目的分部分项工程量清单，并编制综合单价分析表　BAS系统工程图纸
	需提交成果	1. 工程量计算表； 2. 分部分项工程和单价措施项目清单与计价表； 3. 综合单价分析表
任务准备	工程量计算规则	

任务实施

工程量计算表

序号	项目名称	计算过程	计量单位	工程量

分部分项工程和单价措施项目清单与计价表

序号	项目编码	项目名称	项目特征描述	计量单位	工程量	金额（元）	
						综合单价	合价

续表

<table>
<tr><td rowspan="15">任务实施</td><td colspan="12">工程量清单综合单价分析表</td></tr>
<tr><td>项目编码</td><td colspan="2"></td><td>项目名称</td><td colspan="3"></td><td colspan="2">计量单位</td><td></td><td>工程量</td><td></td></tr>
<tr><td colspan="12">清单综合单价组成明细</td></tr>
<tr><td rowspan="2">定额编号</td><td rowspan="2">定额名称</td><td rowspan="2">定额单位</td><td rowspan="2">数量</td><td colspan="4">单价（元）</td><td colspan="4">合价（元）</td></tr>
<tr><td>人工费</td><td>材料费</td><td>机械费</td><td>管理费和利润</td><td>人工费</td><td>材料费</td><td>机械费</td><td>管理费和利润</td></tr>
<tr><td></td><td></td><td></td><td></td><td></td><td></td><td></td><td></td><td></td><td></td><td></td><td></td></tr>
<tr><td></td><td></td><td></td><td></td><td></td><td></td><td></td><td></td><td></td><td></td><td></td><td></td></tr>
<tr><td colspan="2">人工单价</td><td colspan="6">小计</td><td></td><td></td><td></td><td></td></tr>
<tr><td colspan="2">元/工日</td><td colspan="6">未计价材料费</td><td colspan="4"></td></tr>
<tr><td colspan="8">清单项目综合单价</td><td colspan="4"></td></tr>
<tr><td rowspan="5">材料费明细</td><td colspan="5">主要材料名称、规格、型号</td><td>单位</td><td>数量</td><td>单价（元）</td><td>合价（元）</td><td>暂估单价（元）</td><td>暂估合价（元）</td></tr>
<tr><td colspan="5"></td><td></td><td></td><td></td><td></td><td></td><td></td></tr>
<tr><td colspan="5"></td><td></td><td></td><td></td><td></td><td></td><td></td></tr>
<tr><td colspan="7">其他材料费</td><td>—</td><td></td><td>—</td><td></td></tr>
<tr><td colspan="7">材料费小计</td><td>—</td><td></td><td>—</td><td></td></tr>
<tr><td rowspan="2">学习反思</td><td>遇到问题</td><td colspan="11"></td></tr>
<tr><td>解决方法</td><td colspan="11"></td></tr>
<tr><td rowspan="6">过程评价</td><td rowspan="2">自我评价（5分）</td><td colspan="2">课前学习</td><td colspan="2">时间观念</td><td colspan="2">实施方法</td><td colspan="2">职业素养</td><td colspan="2">成果质量</td><td>分值</td></tr>
<tr><td colspan="2"></td><td colspan="2"></td><td colspan="2"></td><td colspan="2"></td><td colspan="2"></td><td></td></tr>
<tr><td rowspan="2">小组评价（5分）</td><td colspan="2">任务承担</td><td colspan="2">时间观念</td><td colspan="2">团队合作</td><td colspan="2">能力素养</td><td colspan="2">成果质量</td><td>分值</td></tr>
<tr><td colspan="2"></td><td colspan="2"></td><td colspan="2"></td><td colspan="2"></td><td colspan="2"></td><td></td></tr>
<tr><td>综合打分</td><td colspan="11">自我评价分值+小组评价分值：</td></tr>
<tr><td>教师总评</td><td colspan="11">签名：</td></tr>
</table>

3.2.2 知识与技能

1. 知识点——建筑设备自动化系统组成与项目列项

建筑设备自动化系统的组成

建筑设备自动化系统主要包括建筑设备监控系统和能耗监测系统。建筑设备监控系统简称BAS或BA系统，是将建筑物（群）内的电力、照明、空调、给水排水等机电设备或系统进行集中监视、控制和管理的综合系统，其分项工程主要如图3.2–1所示。

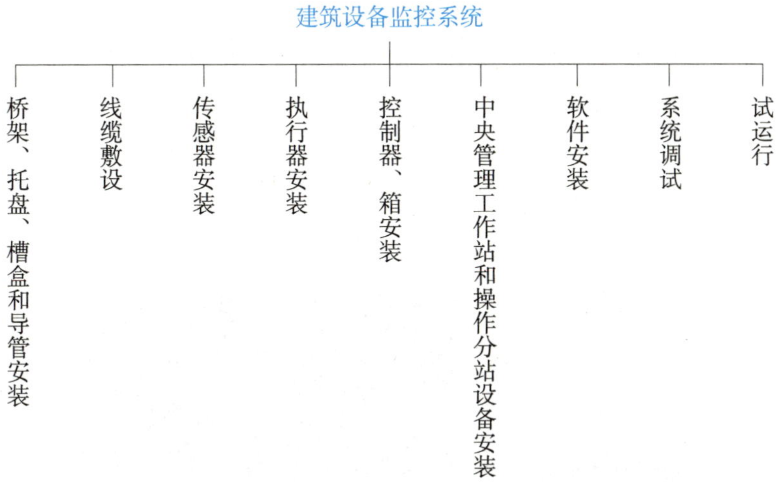

图3.2–1　建筑设备监控系统分项工程

2. 知识点——桥架、托盘、槽盒、导管安装及线缆敷设工程量计算规则与方法

桥架、托盘、槽盒、导管安装及线缆敷设执行《电气设备安装工程》相应项目，具体详见任务2.2和任务2.3。

3. 知识点——建筑设备监控系统工程量计算规则与方法

建筑设备自动化系统工程计量

（1）传感器安装、调试，按设计图示数量计算，以“支”为计量单位。

传感器主要包括风管式温度传感器、风管式湿度传感器、风管式温度湿度传感器；室内壁挂式温度传感器、室内壁挂式湿度传感器、室内壁挂式温度湿度传感器；室外壁挂式温度传感器、室外壁挂式湿度传感器、室外壁挂式温度湿度传感器；接触式温度传感器、无线温湿度传感器、浸入式温度传感器、水道压力传感器、水管压差传感器、液体流量开关、空气压差开关、静压压差变送器、风管式静压变送器等，如图3.2–2所示。

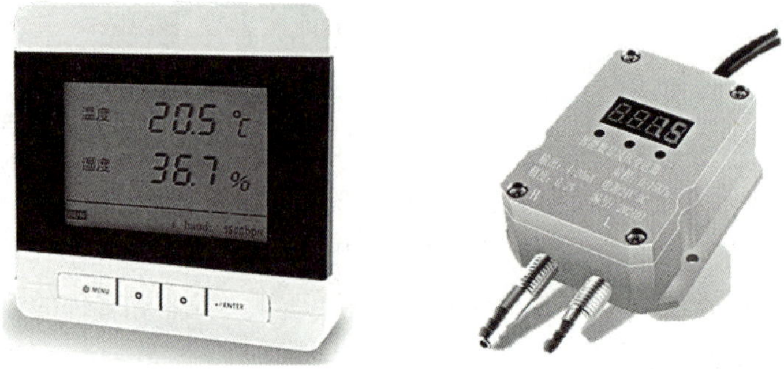

图3.2-2 温度传感器与压差传感器

（2）电动调节阀执行机构、电动、电磁阀门安装、测试，按设计图示数量计算，以“个”为计量单位。

1）电动调节阀执行机构主要包括电动二通调节阀及执行机构、电动三通调节阀及执行机构、电动蝶阀及执行机构、电动风阀执行机构等，如图3.2–3所示。

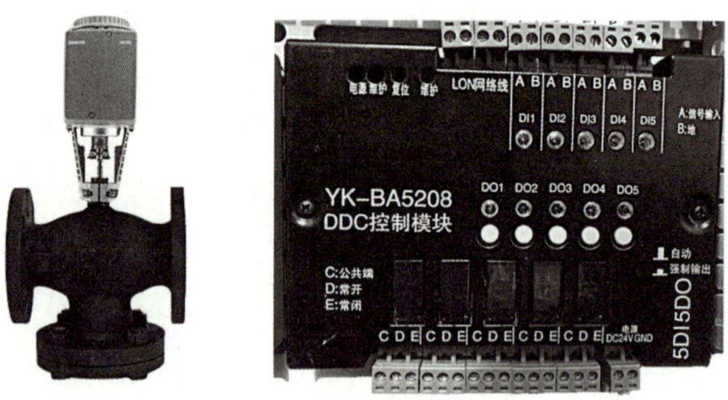

图3.2–3 电动二通阀与DDC控制器

2）电动、电磁阀门主要包括两通电动阀、启动柜接点接线、变压器温度接线。

（3）通信网络控制设备、控制器、控制箱、第三方通信设备接口安装和调试，按设计图示数量计算，以“台”为计量单位。

1）通信网络控制设备主要包括终端电阻、干线连接器、干线隔离器、干线扩充器、通信接口卡等。

2）控制器主要包括控制器（DDC）、远端模块、定风量控制器、压差控制器、温（湿）度控制器、变风量控制器、气动输出模块、风机盘管温控器、联网型风机盘管温控器、房间空气压力控制器、手操器等，按照点数不同进行归类。

3）第三方通信设备接口主要包括电梯及冷水机组接口、智能配电设备接口、柴油发电机组接口、VRV接口、变频器接口、集成系统接口等，按照点数不同进行归类。

（4）中央管理系统安装调试、分系统调试、监控系统运行，按设计图示数量计算，以“系统”为计量单位。

分系统调试主要包括暖通空调监控分系统调试、给水排水监控分系统调试、公共照明监控分系统调试、变配电监测分系统调试、能耗监测分系统调试、电梯和自动扶梯监测分系统调试和楼控分系统调试。

（5）家居智能，按设计图示数量计算，以“台”为计量单位。

家居智能主要包括家居报警、家居电器监控装置安装、可视对讲户内机安装和可视对讲户外机安装、家居智能控制器安装、家居智能布线箱安装、家居智能箱内配线架安装、家居智能网络设备安装、家居控制管理机安装、家居控制管理软件安装、电器控制系统调试、小区智能化系统设备调试等。

（6）本系统中用到的服务器、网络设备、工作站、软件等项目执行计算机应用、网络系统工程相应子目；跳线制作安装、线缆接头制作安装、箱体安装等项目执行综合布线系统相应子目。

4. 知识点——能耗监测系统安装调试工程量计算规则与方法

（1）基表及控制设备安装、调试，采集系统安装、调试，中心管理系统安装、调试，均按设计图示数量计算，以“个”为计量单位。

1）基表及控制设备主要包括远传冷（热）水表、远传脉冲电表、空调节能表、远传煤气表、远传冷（热）量表、远传蒸汽表、远传氧气表等。

2）采集系统主要包括动力载波抄表集中器、集中式远程总线抄表采集器、集中式远程总线抄表主机、分散式远程总线抄表采集器、分散式远程总线抄表主机、抄表控制箱、多表采集智能终端（含控制）、多表采集智能终端调试、读表器、采集器电源、通信接口卡、便携式抄收仪、分线器等。

（2）电量变送器安装、调试，其他传感器及变送器安装、调试，均按设计图示数量计算，以“支”为计量单位。

其他传感器及变送器包括风道式空气质量传感器、室内壁挂式空气质量传感器、风道式烟感探测器、风道式气体探测器、室内壁挂式空气传感器、防霜冻开关、风速传感器、液位开关、静压液位变送器、液位计、流量计、光照度传感计等。

5. 技能点——建筑设备自动化系统工程计量与计价示例

建筑设备自动化系统相关费用及工程量清单设置信息

【例】已知：某综合楼安装工程首层建筑设备自动化系统如图3.2-4所示，图示尺寸线标注数字为该段管线的水平长度，单位为mm。DDC控制器箱底边距地1.5m墙内暗装，尺寸为800mm×600mm×300mm。室内二氧化碳浓度传感器和室内温湿度传感器为墙面壁挂安装（暂不计算末端部分的垂直距离）。该工程相关费用及工程量清单项目设置信息扫码获取。

问题：

（1）试计算该工程JDG20钢管及其管内穿线、DDC控制器的工程量；

（2）编制该工程JDG20钢管及其管内穿线、DDC控制器分部分项工程量清单；

（3）编制该工程DDC控制器的综合单价分析表。

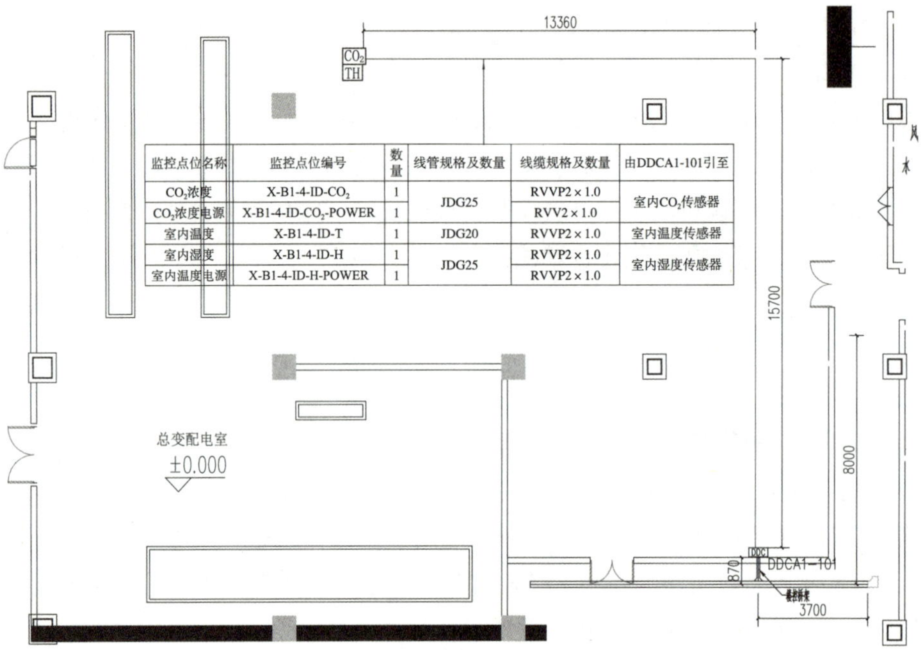

图3.2-4　某综合楼首层BAS系统平面图

【答案】

解（问题1）：列表计算工程量，建筑设备自动化系统工程量计算过程见表3.2-1。

工程量计算表　　表3.2-1

序号	项目名称	计算过程	计量单位	工程量
1	钢管JDG20	DDC至传感器： （4–1.5–0.6）（立管）+（15.7+13.36）（水平）	m	30.96
2	管内穿软导线RVVP2×1.0	DDC至传感器： 30.96+（0.8+0.6）（DDC箱预留）	m	32.36
3	DDC控制器101 控制点数量：5	图示数量	台	1
4	DDC控制箱 800mm×600mm×300mm	图示数量	台	1

解（问题2）：建筑设备自动化系统的分部分项工程量清单编制，见表3.2-2。

分部分项工程量清单与计价表　　　　表3.2-2

<table>
<tr><th rowspan="2">序号</th><th rowspan="2">项目编码</th><th rowspan="2">项目名称</th><th rowspan="2">项目特征描述</th><th rowspan="2">计量单位</th><th rowspan="2">工程数量</th><th colspan="3">金额（元）</th></tr>
<tr><th>综合单价</th><th>合价</th><th>其中：暂估价</th></tr>
<tr><td>1</td><td>030503003001</td><td>控制器</td><td>（1）名称：DDC直接数字控制器
（2）类别：XL8000-SPC
（3）功能：CO_2及温湿度控制
（4）控制点数量：5</td><td>台</td><td>1</td><td></td><td></td><td></td></tr>
<tr><td>2</td><td>030503004001</td><td>控制箱</td><td>（1）名称：DDC控制箱
（2）类别：传感器等控制
（3）功能：管理
（4）控制器、控制模块规格、体积：210mm × 174mm × 56mm
（5）控制器、控制模块数量：1</td><td>台</td><td>1</td><td></td><td></td><td></td></tr>
<tr><td>3</td><td>030411001001</td><td>配管</td><td>（1）名称：套接紧定式镀锌钢导管
（2）材质：钢管
（3）规格：JDG20
（4）配置形式：沿墙沿楼板暗敷</td><td>m</td><td>30.96</td><td></td><td></td><td></td></tr>
<tr><td>4</td><td>030411004002</td><td>配线</td><td>（1）名称：管内穿线
（2）配线形式：设备控制线路
（3）型号、规格：RVVP2 × 1.0mm^2
（4）材质：铜芯聚氯乙烯绝缘聚氯乙烯护套软导线
（5）配线部位：沿墙沿楼板暗敷</td><td>m</td><td>32.36</td><td></td><td></td><td></td></tr>
</table>

解（问题3）：编制DDC控制器分部分项工程量清单综合单价分析表，见表3.2-3。

综合单价分析表　　　　表3.2-3

<table>
<tr><td colspan="2">项目编码</td><td colspan="2">030503003001</td><td colspan="2">项目名称</td><td colspan="2">控制器</td><td>计量单位</td><td>台</td><td>工程量</td><td>1</td></tr>
<tr><td colspan="12">清单综合单价组成明细</td></tr>
<tr><td rowspan="2">定额编号</td><td rowspan="2">定额项目名称</td><td rowspan="2">定额单位</td><td rowspan="2">数量</td><td colspan="4">单价（元）</td><td colspan="4">合价（元）</td></tr>
<tr><td>人工费</td><td>材料费</td><td>机械费</td><td>管理费和利润</td><td>人工费</td><td>材料费</td><td>机械费</td><td>管理费和利润</td></tr>
</table>

续表

5-236	控制器（DDC）安装及接线≤24点	台	1	61.72	25.66	5.99	10.84	61.72	25.66	5.99	10.84
5-240	控制器（DDC）编程、调试≤24点	台	1	308.4	3	56.18	58.33	308.4	3	56.18	58.33
人工单价		小计						370.12	28.66	62.17	69.17
合计工日：103元/工日		未计价材料费						185			
清单项目综合单价								715.12			
材料费明细	主要材料名称、规格、型号					单位	数量	单价（元）	合价（元）	暂估单价（元）	暂估合价（元）
	直接数字控制器（DDC）XL8000-SPC					台	1	185	185		
	其他材料费							—		—	
	材料费小计							—	185	—	

3.2.3 问题思考

一、单选题

1．依据《通用安装工程工程量计算规范》GB 50856，室内壁挂式温度湿度传感器应执行的清单项目是（　　）。

A．中央管理系统　　B．控制器　　C．传感器　　D．电动调节阀执行机构

2．依据《通用安装工程工程量计算规范》GB 50856，空气压差开关应执行的清单项目是（　　）。

A．中央管理系统　　B．控制器　　C．传感器　　D．电动调节阀执行机构

3．依据《通用安装工程工程量计算规范》GB 50856，DDC应执行的清单项目是（　　）。

A．中央管理系统　　B．控制器　　C．传感器　　D．电动调节阀执行机构

4．依据《通用安装工程工程量计算规范》GB 50856，远端模块应执行的清单项目是（　　）。

A．中央管理系统　　B．控制器　　C．传感器　　D．电动调节阀执行机构

5. 依据《通用安装工程工程量计算规范》GB 50856，通信接口卡应执行的清单项目是（ ）。

A. 通信网络控制设备　　B. 控制器

C. 传感器　　D. 电动调节阀执行机构

6. 远传冷（热）水表、远传脉冲电表、空调节能表等属于能耗监测系统中的（ ）设备。

A. 通信网络控制　　B. 基表及控制

C. 采集系统　　D. 中心管理系统

二、多选题

1. 分系统调试主要包括（ ）、电梯和自动扶梯监测分系统调试和楼控系统调试。

A. 暖通空调监控分系统调试　　B. 给水排水监控分系统调试

C. 公共照明监控分系统调试　　D. 变配电监测分系统调试

E. 能耗监测分系统调试

2. 建筑设备监控系统的分项工程主要包括（ ）、中央管理工作站和操作分站设备安装、软件安装、系统调试、试运行等。

A. 桥架、托盘、槽盒和导管安装　　B. 线缆敷设

C. 传感器安装　　D. 执行器安装

E. 控制器、箱安装

三、判断题

1. DDC控制器的点数不同，价格也有所不同。（ ）

2. 计算多芯软导线的长度时，不需要按单线长度乘以芯数。（ ）

3. DDC控制箱的尺寸规格和里面安装的控制器个数有关。（ ）

4. 干线隔离器执行通信网络控制设备项目。（ ）

5. 远端模块、定风量控制器、气动输出模块均执行控制器项目。（ ）

6. 集成系统接口执行第三方通信设备接口项目。（ ）

7. 风道式空气质量传感器、室内壁挂式空气质量传感器执行其他传感器及变送器项目。（ ）

8. 建筑设备自动化系统中用到的服务器、网络设备、工作站、软件等项目应执行计算机应用、网络系统工程的相应子目。（ ）

9. 建筑设备自动化系统中用到的跳线制作安装、线缆接头制作安装、箱体安装等项目应执行综合布线系统相应子目。（ ）

3.2.4 拓展知识

资源名称	图形符号及文字标注	建筑设备自动化系统计量与计价参考答案
资源类型	文档	文档
资源二维码		

任务 3.3 安全防范系统工程计量与计价

3.3.1 学生任务单

任务名称	安全防范系统工程计量与计价		
学生姓名		班级学号	
同组成员			
任务角色	□编制人员　　□复核人员		

<table>
<tr><td rowspan="2">任务卡</td><td>任务内容</td><td colspan="7">识读【任务图片】，结合教学载体施工图纸信息，快速、准确计算出安全防范系统工程量，编制出指定项目的分部分项工程量清单，并编制综合单价分析表
安全防范系统工程图纸</td></tr>
<tr><td>需提交成果</td><td colspan="7">1. 工程量计算表；
2. 分部分项工程和单价措施项目清单与计价表；
3. 综合单价分析表</td></tr>
<tr><td>任务准备</td><td>工程量计算规则</td><td colspan="7"></td></tr>
<tr><td rowspan="14">任务实施</td><td colspan="8">工程量计算表</td></tr>
<tr><td>序号</td><td colspan="3">项目名称</td><td colspan="2">计算过程</td><td>计量单位</td><td>工程量</td></tr>
<tr><td></td><td colspan="3"></td><td colspan="2"></td><td></td><td></td></tr>
<tr><td></td><td colspan="3"></td><td colspan="2"></td><td></td><td></td></tr>
<tr><td></td><td colspan="3"></td><td colspan="2"></td><td></td><td></td></tr>
<tr><td></td><td colspan="3"></td><td colspan="2"></td><td></td><td></td></tr>
<tr><td></td><td colspan="3"></td><td colspan="2"></td><td></td><td></td></tr>
<tr><td colspan="8">分部分项工程和单价措施项目清单与计价表</td></tr>
<tr><td rowspan="2">序号</td><td rowspan="2">项目编码</td><td rowspan="2">项目名称</td><td rowspan="2">项目特征描述</td><td rowspan="2">计量单位</td><td rowspan="2">工程量</td><td colspan="2">金额（元）</td></tr>
<tr><td>综合单价</td><td>合价</td></tr>
<tr><td></td><td></td><td></td><td></td><td></td><td></td><td></td><td></td></tr>
</table>

续表

<table>
<tr><td rowspan="15">任务实施</td><td colspan="12">工程量清单综合单价分析表</td></tr>
<tr><td>项目编码</td><td colspan="2"></td><td>项目名称</td><td colspan="3"></td><td colspan="2">计量单位</td><td></td><td>工程量</td><td></td></tr>
<tr><td colspan="12">清单综合单价组成明细</td></tr>
<tr><td rowspan="2">定额编号</td><td rowspan="2">定额名称</td><td rowspan="2">定额单位</td><td rowspan="2">数量</td><td colspan="4">单价（元）</td><td colspan="4">合价（元）</td></tr>
<tr><td>人工费</td><td>材料费</td><td>机械费</td><td>管理费和利润</td><td>人工费</td><td>材料费</td><td>机械费</td><td>管理费和利润</td></tr>
<tr><td></td><td></td><td></td><td></td><td></td><td></td><td></td><td></td><td></td><td></td><td></td><td></td></tr>
<tr><td></td><td></td><td></td><td></td><td></td><td></td><td></td><td></td><td></td><td></td><td></td><td></td></tr>
<tr><td colspan="2">人工单价</td><td colspan="6">小计</td><td></td><td></td><td></td><td></td></tr>
<tr><td colspan="2">元/工日</td><td colspan="6">未计价材料费</td><td colspan="4"></td></tr>
<tr><td colspan="8">清单项目综合单价</td><td colspan="4"></td></tr>
<tr><td rowspan="5">材料费明细</td><td colspan="5">主要材料名称、规格、型号</td><td>单位</td><td>数量</td><td>单价（元）</td><td>合价（元）</td><td>暂估单价（元）</td><td>暂估合价（元）</td></tr>
<tr><td colspan="5"></td><td></td><td></td><td></td><td></td><td></td><td></td></tr>
<tr><td colspan="5"></td><td></td><td></td><td></td><td></td><td></td><td></td></tr>
<tr><td colspan="7">其他材料费</td><td>—</td><td></td><td>—</td><td></td></tr>
<tr><td colspan="7">材料费小计</td><td>—</td><td></td><td>—</td><td></td></tr>
<tr><td rowspan="2">学习反思</td><td>遇到问题</td><td colspan="11"></td></tr>
<tr><td>解决方法</td><td colspan="11"></td></tr>
<tr><td rowspan="6">过程评价</td><td rowspan="2">自我评价（5分）</td><td colspan="2">课前学习</td><td colspan="2">时间观念</td><td colspan="2">实施方法</td><td colspan="2">职业素养</td><td colspan="2">成果质量</td><td>分值</td></tr>
<tr><td colspan="2"></td><td colspan="2"></td><td colspan="2"></td><td colspan="2"></td><td colspan="2"></td><td></td></tr>
<tr><td rowspan="2">小组评价（5分）</td><td colspan="2">任务承担</td><td colspan="2">时间观念</td><td colspan="2">团队合作</td><td colspan="2">能力素养</td><td colspan="2">成果质量</td><td>分值</td></tr>
<tr><td colspan="2"></td><td colspan="2"></td><td colspan="2"></td><td colspan="2"></td><td colspan="2"></td><td></td></tr>
<tr><td>综合打分</td><td colspan="11">自我评价分值+小组评价分值：</td></tr>
<tr><td>教师总评</td><td colspan="11">签名：</td></tr>
</table>

3.3.2 知识与技能

1．知识点——安全防范系统组成与项目列项

安全防范系统主要包括入侵报警、出入口控制、视频监控、电子巡更、安全检查和停车场管理六个子系统，通常包括前端、传输、信息处理（控制、管理）、显示与记录四大单元，其分项工程如图3.3–1所示。

安全防范系统的组成

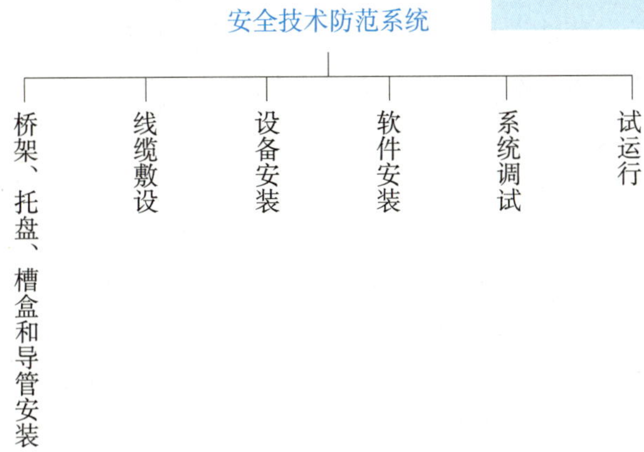

图3.3–1　安全防范系统分项工程

（1）入侵报警系统是利用传感器技术和电子信息技术探测，并指示非法进入或试图非法进入设防区域的行为、处理报警信息、发出报警信息的电子系统或网络。

（2）出入口控制系统是利用自定义符识别或模式识别技术，对出入口目标进行识别，并控制出入口执行机构启闭的电子系统或网络。

（3）视频监控系统是利用视频技术探测、监视设防区域，并实时显示、记录现场图像的系统或网络。

（4）电子巡更系统是对保安巡查人员的巡查路线、方式及过程进行管理和控制的电子系统。

（5）停车场管理系统是对进、出停车场的车辆进行自动登录、监控和管理的电子系统或网络。

2．知识点——桥架、托盘、槽盒、导管安装及线缆敷设工程量计算规则与方法

桥架、托盘、槽盒、导管安装及线缆敷设执行《电气设备安装工程》相应项目，具体详见任务2.2和任务2.3。

3．知识点——入侵报警系统设备安装工程量计算规则与方法

安全防范系统工程计量（一）

入侵探测设备、入侵报警控制器、入侵报警中心显示设备、入侵报警信号传输设备安装调试，按设计图示数量计算，以“套”为计量单位。

（1）入侵探测设备主要包括门磁及窗磁开关、紧急脚踏开关、紧急手动开关、主动红外探测器、被动红外探测器、红外幕帘探测器、多技术复合探测器、微波探测器、微波墙式探测器、超声波探测器、激光探测器、玻璃破碎探测器、振动探测器、电子围栏控制器、无线按钮控制器、振动泄漏电缆、电子围栏、无线报警探测器等入侵探测器。

（2）入侵报警控制器主要包括多线制报警控制器、总线制报警控制器、地址模块、有线对讲主机、用户机等。

（3）入侵报警中心显示设备主要包括警灯、警铃、警号等。

（4）入侵报警信号传输设备主要包括有线报警信号前端传输设备，联动通信接口，报警信号接收机，无线报警发送、接收设备等。

（5）安全防范系统工程中的服务器、网络设备、工作站、软件、存储设备等项目执行“计算机应用、网络系统工程”相关项目；跳线制作、安装等项目执行“综合布线系统工程”相关项目；配管配线等有关场地电气安装工程项目执行“电气设备安装工程”相应项目。

4. 知识点——出入口控制系统设备安装工程量计算规则与方法

（1）出入口目标识别设备、出入口控制设备、出入口执行机构设备安装、调试，按设计图示数量计算，以“台”为计量单位。

（2）出入口目标识别设备主要包括读卡器、人体生物特征识别系统、密码键盘、出入门按钮等。

（3）出入口控制设备主要指门禁控制器，有单门、双门、四门、八门、十六门之分。

（4）出入口执行机构设备主要包括电控锁、电磁吸力锁、电子密码锁、自动闭门器等。

出入口控制设备、缆线安装示意如图3.3-2所示。

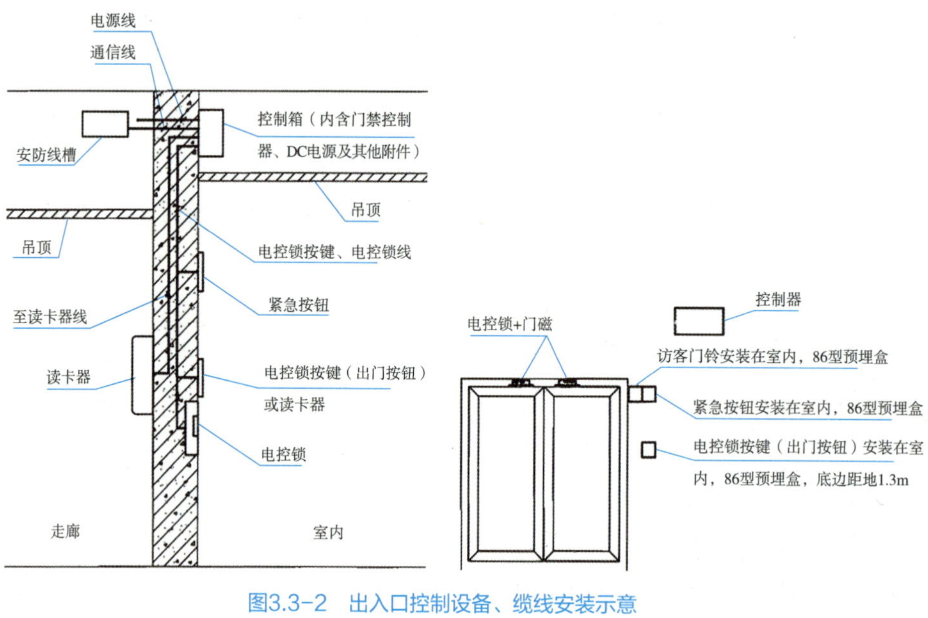

图3.3-2 出入口控制设备、缆线安装示意

5．知识点——视频监控系统设备安装工程量计算规则

安全防范系统工程计量（二）

监控摄像设备、视频控制设备、音频、视频及脉冲分配器、视频补偿器、视频传输设备、录像设备安装、调试，按设计图示数量计算，以“台（套）”为计量单位。视频监控系统示意如图3.3–3所示。

（1）监控摄像设备主要包括彩色和黑白摄像机（含拍照功能）、半球形摄像机、球形摄像机、防爆摄像机、微型摄像机、室内外云台摄像机、高速智能球形摄像机、微光摄像机、红外光源摄像机、X光摄像机、水下摄像机、医用显微摄像机、光圈镜头、摄像机小孔镜头、摄像机防护罩、摄像机支架、摄像机云台、云台控制器、照明灯、控制台和监视器柜架、电源等。

（2）视频控制设备主要包括视频切换器、微机矩阵切换设备、多画面分割器（合成器）、监视管理系统（多画面）等。

（3）视频传输设备主要包括多路遥控发射设备、接收设备、编码器、解码器、发送器、接收器等。

（4）录像设备主要包括编辑机、录像机、视频服务器、中心控制器、主控键盘等。

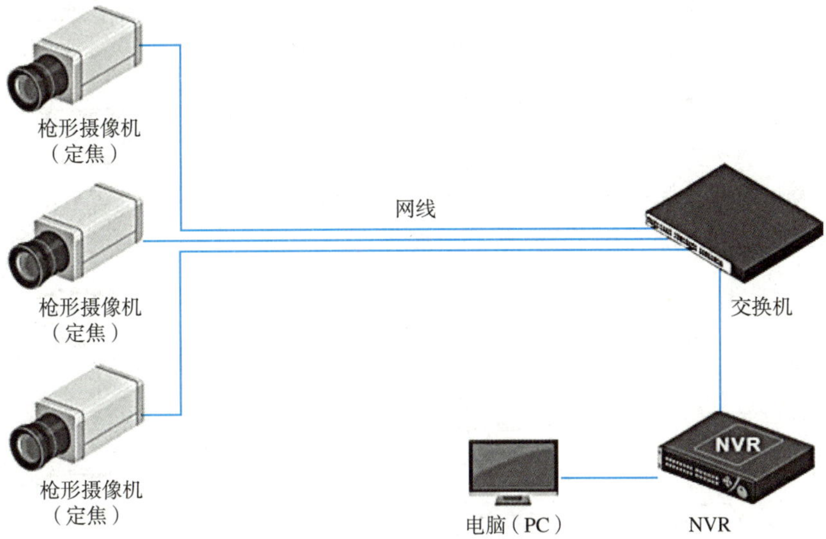

图3.3–3　视频监控系统示意

6．知识点——巡更、安全检查、停车场管理系统设备安装工程量计算规则与方法

（1）巡更设备安装调试，按设计图示数量计算，以“套”为计量单位。

（2）安全检查设备安装调试，按设计图示数量计算，以“台（套）”为计量单位。安全检查设备主要包括X射线安全检查设备、金属武器探测门、X射线安检设备数据管理系统、X射线探测设备、环形线圈车辆检测器、LED可变信息标志等。

（3）停车场管理设备安装调试，按设计图示数量计算，以“台”为计量单位。停车场管理设备主要包括停车场、出入口标志牌，空满标志牌，车位占用显示牌，通行诱导信息牌，栏杆装置，收据打印机，纸质磁条通行券写、读机，远距离读卡非接触式IC卡读写机，自动收、发卡机，车辆牌照识别装置，红外车辆识别装置，挡车器等。

7．知识点——安全防范系统运行调试工程量计算规则与方法

（1）安全防范分系统调试、安全防范全系统调试、安全防范系统工程试运行，按设计图示数量计算，以“系统”为计量单位。

（2）安全防范分系统调试主要包括入侵报警系统、电视监视系统、出入口控制系统、电子巡更、停车场管理系统。

（3）安全防范全系统调试是指安防系统联合调试，以控制点数不同进行划分。

8．技能点——安全防范系统工程计量与计价示例

安全防范系统相关费用及工程量清单设置信息

【例】已知：某综合楼首层安全防范系统如图3.3-4所示，层高4m，吸顶安装室内彩色半球数字摄像机（1080P），读卡器、出门按钮底边距地1.4m壁装，电磁锁（含门磁功能）门框安装（按2m计算）。干线在金属线槽内敷设，线槽引至适当位置后再采用热镀锌钢管暗敷在楼板或墙壁内，每个普通监视点设JDG20镀锌管，具体配管配线如系统图所示。平面图图示尺寸线标注尺寸数字为该段管线的水平长度，单位为mm。该工程相关费用及工程量清单项目设置信息扫码获取。

问题：

（1）试计算出入口控制系统的工程量；

（2）编制出入口控制系统分部分项工程量清单；

（3）编制该工程读卡器的综合单价分析表。

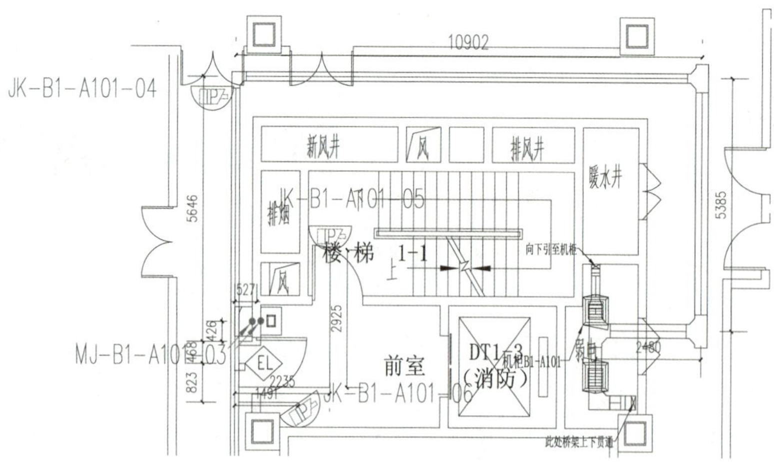

图3.3-4 某综合楼首层安全防范系统平面图

【答案】

解（问题1）：需要特别说明的是：金属线槽在综合布线系统中计算，其他各个系统不得重复计算。此处因该案例不在综合布线系统中，故此进行了工程量的计量。

列表计算工程量，安全防范系统工程量计算过程见表3.3−1。

工程量计算表　　表3.3−1

序号	项目名称	计算过程	计量单位	工程量
1	读卡器（带键盘）	按平面图	台	1
2	出门按钮	按平面图	台	1
3	紧急出门按钮	按系统图	台	1
4	门禁控制器（双门）	按系统图	台	3
5	电磁吸力锁	按平面图	台	1
6	86接线盒	读卡器、出门按钮、紧急出门按钮处	个	3
7	JDG20	（0.527+0.426）水平+（4−3.45−0.1/2）线槽上立管+（4−1.4）出门按钮立管 注：紧急出门按钮至电磁锁未计算	m	4.05
8	JDG25	至读卡器： （0.527+0.426）水平+（4−3.45−0.1/2）线槽上立管+（4−1.4）读卡器立管=4.053 至电磁锁： 0.527水平+（4−3.45−0.1/2）线槽上立管+（4−2）电磁锁立管=3.027	m	7.08
9	线槽RVV2×1.0	至出门按钮： [水平（2.48+5.385+10.902+5.646+0.468）+（3.45+0.1/2−2−0.25）桥架距机柜立管]+（0.6+2）（柜体预留半周长）=28.731 注：机柜规格尺寸详见综合布线，下同	m	28.73
10	线槽RVV4×1.0	至电磁锁： [水平（2.48+5.385+10.902+5.646）+（3.45+0.1/2−2−0.25）桥架距机柜立管]+（0.6+2）（柜体预留半周长）=28.263	m	28.26
11	线槽RVVS6×1.0	至读卡器： [水平（2.48+5.385+10.902+5.646）+（3.45+0.1/2−2−0.25）桥架距机柜立管]+（0.6+2）（柜体预留半周长）=28.263	m	28.26
12	管内穿线RVV2×1.0	至出门按钮：管长4.05	m	4.05

续表

序号	项目名称	计算过程	计量单位	工程量
13	管内穿线 RVV4 × 1.0	至电磁锁：管长3.027	m	3.03
14	管内穿线 RVVS6 × 1.0	至读卡器：管长4.053	m	4.05

解（问题2）：安全防范系统的分部分项工程量清单编制，见表3.3-2。

分部分项工程量清单与计价表　　表3.3-2

序号	项目编码	项目名称	项目特征描述	计量单位	工程数量	金额（元）		
						综合单价	合价	其中：暂估价
1	030507005001	读卡器	（1）名称：读卡器（带键盘） （2）规格：12V	台	1			
2	030507005002	出门按钮	（1）名称：出门按钮 （2）规格：86型	台	1			
3	030507005003	出门按钮	（1）名称：紧急出门按钮 （2）规格：86型	台	1			
4	030507006001	门禁控制器	（1）名称：门禁控制器 （2）规格：双门	台	3			
5	030507007001	电磁吸力锁	（1）名称：电磁吸力锁 （2）规格：180双门	台	1			

解（问题3）：编制读卡器分部分项工程量清单综合单价分析表，见表3.3-3。

综合单价分析表　　表3.3-3

项目编码	030507005001	项目名称	读卡器	计量单位	台	工程量	1

清单综合单价组成明细											
定额编号	定额项目名称	定额单位	数量	单价（元）				合价（元）			
				人工费	材料费	机械费	管理费和利润	人工费	材料费	机械费	管理费和利润

续表

<table>
<tr><td>5-819</td><td>出入口目标识别设备 读卡器带键盘</td><td>台</td><td>1</td><td>51.5</td><td>39.37</td><td>0.56</td><td>8.33</td><td>51.5</td><td>39.37</td><td>0.56</td><td>8.33</td></tr>
<tr><td colspan="2">人工单价</td><td colspan="6">小计</td><td>51.5</td><td>39.37</td><td>0.56</td><td>8.33</td></tr>
<tr><td colspan="2">合计工日：103元/工日</td><td colspan="6">未计价材料费</td><td colspan="4">35</td></tr>
<tr><td colspan="8">清单项目综合单价</td><td colspan="4">99.76</td></tr>
<tr><td rowspan="4">材料费明细</td><td colspan="5">主要材料名称、规格、型号</td><td>单位</td><td>数量</td><td>单价（元）</td><td>合价（元）</td><td>暂估单价（元）</td><td>暂估合价（元）</td></tr>
<tr><td colspan="5">出入口目标识别设备 读卡器 带键盘 12V</td><td>台</td><td>1</td><td>35</td><td>35</td><td></td><td></td></tr>
<tr><td colspan="7">其他材料费</td><td>—</td><td>4.37</td><td>—</td><td></td></tr>
<tr><td colspan="7">材料费小计</td><td>—</td><td>39.37</td><td>—</td><td></td></tr>
</table>

3.3.3 问题思考

一、单选题

1．依据《通用安装工程工程量计算规范》GB 50856，用户机应执行的清单项目是（　　）。

A．入侵探测　　　　B．入侵报警控制器

C．入侵报警中心显示　　　　D．入侵报警信号传输

2．依据《通用安装工程工程量计算规范》GB 50856，安全防范系统工程中的服务器、网络设备、工作站、软件、存储设备等项目，应执行（　　）相关项目。

A．计算机及网络系统工程　　　　B．综合布线系统工程

C．安全防范系统工程　　　　D．电气设备安装工程

3．依据《通用安装工程工程量计算规范》GB 50856，安全防范系统工程中的跳线制作、安装等项目，应执行（　　）相关项目。

A．计算机及网络系统工程　　　　B．综合布线系统工程

C．安全防范系统工程　　　　D．电气设备安装工程

4．依据《通用安装工程工程量计算规范》GB 50856，安全防范系统工程中的配管配线等有关场地电气安装工程项目，应执行（　　）相应项目。

A．计算机及网络系统工程　　　　B．综合布线系统工程

C．安全防范系统工程　　　　D．电气设备安装工程

5．依据《通用安装工程工程量计算规范》GB 50856，出入门按钮属于出入口控制系统设备，应执行的清单项目是（　　）。

A．出入口目标识别　　　　　　　　B．出入口控制

C．出入口执行机构　　　　　　　　D．入侵报警控制器

6．依据《通用安装工程工程量计算规范》GB 50856，主控键盘属于视频监控系统设备，应执行的清单项目是（　　）。

A．监控摄像　　　B．视频控制　　　C．录像　　　D．视频传输

7．依据《通用安装工程工程量计算规范》GB 50856，远距离读卡非接触式IC卡读写机应执行的清单项目是（　　），按设计图示数量计算，以“台”为计量单位。

A．巡更　　　B．安全检查　　　C．停车场管理　　　D．出入口目标识别

二、多选题

1．安全防范系统主要包括入侵报警、（　　）六个子系统。

A．出入口控制　　　B．视频监控　　　C．巡更

D．安全检查　　　E．停车场管理

2．入侵报警系统设备安装主要包括（　　）安装调试，按设计图示数量计算。

A．入侵探测设备　　　　　　　　B．入侵报警控制器

C．入侵报警中心显示设备　　　　D．入侵报警信号传输设备

E．安全检查

3．出入口控制系统设备安装主要包括（　　）安装调试，按设计图示数量计算。

A．出入口目标识别设备　　　　　B．出入口控制设备

C．出入口执行机构设备　　　　　D．入侵报警控制器

E．安全检查

4．视频监控系统设备安装主要包括（　　）、录像设备安装调试，按设计图示数量计算，以“台（套）”为计量单位。

A．监控摄像设备　　　　　　　　B．视频控制设备

C．音频、视频及脉冲分配器　　　D．视频补偿器

E．视频传输设备

3.3.4 拓展知识

资源名称	门禁系统安装示意图	安防系统图形符号	安全防范系统计量与计价参考答案
资源类型	文档	文档	文档
资源二维码			

任务 3.4 音频、视频系统工程计量与计价

3.4.1 学生任务单

任务名称	音频、视频系统工程计量与计价		
学生姓名		班级学号	
同组成员			
任务角色	□编制人员　　□复核人员		

任务卡	任务内容	识读【任务图片】，结合教学载体施工图纸信息，快速、准确计算出视频系统工程量，编制出指定项目的分部分项工程量清单，并编制综合单价分析表 广播系统工程图
	需提交成果	1. 工程量计算表； 2. 分部分项工程和单价措施项目清单与计价表； 3. 综合单价分析表

任务实施

工程量计算表

序号	项目名称	计算过程	计量单位	工程量

分部分项工程和单价措施项目清单与计价表

序号	项目编码	项目名称	项目特征描述	计量单位	工程量	金额（元）	
						综合单价	合价

续表

<table>
<tr><td rowspan="16">任务实施</td><td colspan="12">工程量清单综合单价分析表</td></tr>
<tr><td>项目编码</td><td colspan="2"></td><td>项目名称</td><td colspan="3"></td><td colspan="2">计量单位</td><td></td><td>工程量</td><td></td></tr>
<tr><td colspan="12">清单综合单价组成明细</td></tr>
<tr><td rowspan="2">定额编号</td><td rowspan="2">定额名称</td><td rowspan="2">定额单位</td><td rowspan="2">数量</td><td colspan="4">单价（元）</td><td colspan="4">合价（元）</td></tr>
<tr><td>人工费</td><td>材料费</td><td>机械费</td><td>管理费和利润</td><td>人工费</td><td>材料费</td><td>机械费</td><td>管理费和利润</td></tr>
<tr><td></td><td></td><td></td><td></td><td></td><td></td><td></td><td></td><td></td><td></td><td></td><td></td></tr>
<tr><td></td><td></td><td></td><td></td><td></td><td></td><td></td><td></td><td></td><td></td><td></td><td></td></tr>
<tr><td colspan="2">人工单价</td><td colspan="6">小计</td><td></td><td></td><td></td><td></td></tr>
<tr><td colspan="2">元/工日</td><td colspan="6">未计价材料费</td><td colspan="4"></td></tr>
<tr><td colspan="8">清单项目综合单价</td><td colspan="4"></td></tr>
<tr><td colspan="2" rowspan="5">材料费明细</td><td colspan="4">主要材料名称、规格、型号</td><td>单位</td><td>数量</td><td>单价（元）</td><td>合价（元）</td><td>暂估单价（元）</td><td>暂估合价（元）</td></tr>
<tr><td colspan="4"></td><td></td><td></td><td></td><td></td><td></td><td></td></tr>
<tr><td colspan="4"></td><td></td><td></td><td></td><td></td><td></td><td></td></tr>
<tr><td colspan="6">其他材料费</td><td>—</td><td></td><td>—</td><td></td></tr>
<tr><td colspan="6">材料费小计</td><td>—</td><td></td><td>—</td><td></td></tr>
<tr><td colspan="12"></td></tr>
<tr><td rowspan="2">学习反思</td><td colspan="2">遇到问题</td><td colspan="10"></td></tr>
<tr><td colspan="2">解决方法</td><td colspan="10"></td></tr>
<tr><td rowspan="6">过程评价</td><td colspan="2" rowspan="2">自我评价（5分）</td><td colspan="2">课前学习</td><td colspan="2">时间观念</td><td colspan="2">实施方法</td><td>职业素养</td><td colspan="2">成果质量</td><td>分值</td></tr>
<tr><td colspan="2"></td><td colspan="2"></td><td colspan="2"></td><td></td><td colspan="2"></td><td></td></tr>
<tr><td colspan="2" rowspan="2">小组评价（5分）</td><td colspan="2">任务承担</td><td colspan="2">时间观念</td><td colspan="2">团队合作</td><td>能力素养</td><td colspan="2">成果质量</td><td>分值</td></tr>
<tr><td colspan="2"></td><td colspan="2"></td><td colspan="2"></td><td></td><td colspan="2"></td><td></td></tr>
<tr><td colspan="2">综合打分</td><td colspan="10">自我评价分值+小组评价分值：</td></tr>
<tr><td colspan="2">教师总评</td><td colspan="10">签名：</td></tr>
</table>

3.4.2 知识与技能

1. 知识点——音频、视频系统组成与项目列项

音频、视频系统主要包括公共广播系统、视频会议系统、信息引导及发布系统等子系统，其分项工程如图3.4–1所示。

图3.4–1 音频、视频系统分项工程

音频、视频系统的组成

2. 知识点——桥架、托盘、槽盒、导管安装及线缆敷设工程量计算规则与方法

桥架、托盘、槽盒、导管安装执行《电气设备安装工程》相应项目，具体详见任务2.2和任务2.3。有关传输线缆敷设项目执行综合布线相关内容。

3. 知识点——扩声系统设备安装、调试、试运行工程量计算规则与方法

音视频系统工程计量

扩声系统设备包括信号源设备、调音台、调音台周边设备、功率放大器、扬声器、电源、会议专用设备等。

（1）信号源设备安装，按设计图示数量计算，以“台（只）”为计量单位。信号源设备是指传声器、录放机（磁带卡座播放机、CD机、VCD/DVD机）、数字播放机（MP3等）、DJ搓盘机、跳线盘、接口箱。

（2）调音台、周边设备、功率放大器、音箱、机柜、电源和会议设备安装，按设计图示数量计算，以“台”为计量单位。

调音台包括自动混音台、模拟调音台、数字调音台。

调音台周边设备包括均衡器、压限器、延时器、音频分配放大器、音频切换器、音频矩阵、效果器、分频器、滤波器、反馈抑制器、激励器、数字音频处理器、音频跳线制作安装、卡侬插座插头、大三芯插头等。

（3）扩声系统电源包括时序电源控制器、交流稳压电源。

（4）会议专用设备包括会议主控机、主席机、代表机表决单元、多语种译员机、译员话筒、耳机、红外发射机、红外辐射板、红外接收机、红外接收机充电器、电子通道选择器、音频媒体接口机、席位扩展单元、会议专用主控PC机等。

扩声设备级间调试，按设计图示数量计算，以“个”为计量单位。

扩声系统调试、扩声系统测量、扩声系统试运行，按设计图示数量计算，以“系统”为计量单位。扩声系统调试包括语言系统、多功能系统、演出系统。

4．知识点——公共广播系统设备安装、调试、试运行工程量计算规则与方法

（1）公共广播系统安装，按设计图示数量计算，以“台”为计量单位。

公共广播系统主要包括公共广播主机、分区器、监听器、强插器、线路检测器、可编程定时器、主备切换器、警报信号发生器、市话接口设备、突发公共事件接口设备、终端、寻呼台站、音控器、模块、电源时序器、调谐器、前置放大器。

（2）公共广播系统调试，按设计图示数量计算，以“系统”为计量单位。

公共广播系统调试指分区试响、应备功能调试、分区电声性能测量、分区电声性能指标调试。

1）分区试响的工作内容包括系统调试、功能技术参数设置、试响广播分区内的每一个广播扬声器等，按照扬声器数量不同进行区分。

2）应备功能调试的工作内容包括对整个广播系统（紧急广播、背景广播、业务广播）的应备功能进行调试、完成测试报告等。

3）分区电声性能测量的工作内容包括测量公共广播系统的电声性能、完成测试报告等。

（3）公共广播系统试运行，按设计图示数量计算，以“系统”为计量单位。

5．知识点——视频系统设备安装、调试、试运行工程量计算规则与方法

（1）同轴电缆布放，按设计图示尺寸计算，以“m”为计量单位，电缆附加及预留的长度按照任务2.3中电缆附加及预留长度的相关规定计算。同轴电缆布放形式主要有管内穿放、沿桥架敷设。

（2）流媒体会议直播机、流媒体课程录播机等信号采集设备安装，按设计图示数量计算，以“台”为计量单位。

（3）信号处理设备安装，按设计图示数量计算，以“台”为计量单位。

信号处理设备包括视频矩阵、VGA/DVI矩阵、视频分配放大器、VGA分配放大器、视频切换器、VGA切换器、转换器、VGA转Video/Video转VGA、数字接口转换器、融合器、图像处理器、数字特技机、模拟特技机、多点控制器MCU、会议终端等。

（4）显示设备安装，按设计图示数量计算，以“台（套）”为计量单位。

显示设备包括显示器、投影仪、电子白板、卷帘屏幕、软幕、硬质银幕、金属幕、背投箱体、拼接控制器、拼接卡、拼接屏、LED显示屏、提词器等。

（5）编辑控制器、硬盘放像机录编设备安装，按设计图示数量计算，以“台”为计量单位。

（6）视频系统设备调试、视频系统测量、视频系统试运行，按设计图示数量计算，以“系统”为计量单位。

视频系统设备调试的工作内容包括对视频设备信号通道数进行测试、调整和验证等。

6．技能点——音频、视频系统工程计量与计价示例

【例】已知：某综合楼视频会议系统如图3.4-2所示，层高4m。

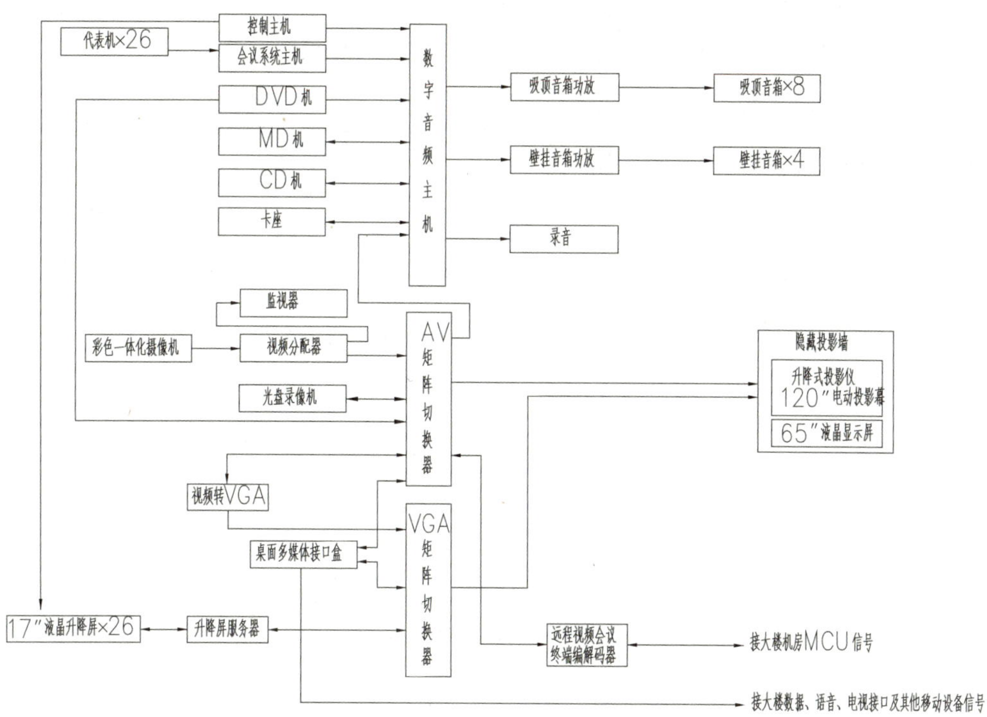

图3.4-2　视频会议系统图

该工程相关费用及工程量清单项目设置信息扫码获取。

问题：

（1）试计算扩声系统的工程量；

（2）编制扩声系统分部分项工程量清单；

（3）编制代表机的综合单价分析表。

音频视频系统相关费用及工程量清单设置信息

【答案】

解（问题1）：列表计算工程量，扩声系统工程量计算过程见表3.4–1。

工程量计算表　　表3.4–1

序号	项目名称	计算过程	计量单位	工程量
	一、扩声系统			
1	DVD录放机	系统图	台	1
2	MD录放机	系统图	台	1
3	CD录放机	系统图	台	1
4	卡座录放机	系统图	台	1
5	数字音频媒体矩阵 16路	系统图 数字音频主机	台	1
6	功率放大器	系统图 吸顶音箱功放与壁挂音箱功放	台	2
7	吸顶音箱	系统图	只	8
8	壁挂音箱	系统图	只	4
9	数字会议系统主控机	系统图	台	1
10	代表机 嵌入式	系统图	台	26
11	会议专用主控PC机	系统图 控制主机	台	1
12	扩声系统级间调试	系统图	个	8
13	扩声系统调试	系统图	系统	1
14	扩声系统测量	系统图	系统	1
15	扩声系统试运行	系统图	系统	1

解（问题2）：扩声系统的分部分项工程量清单编制，见表3.4–2。

分部分项工程量清单与计价表　　表3.4–2

序号	项目编码	项目名称	项目特征描述	计量单位	工程数量	金额（元）		
						综合单价	合价	其中：暂估价
1	030506001001	DVD录放机	（1）名称：DVD录放机 （2）类别：信号源设备 （3）安装方式：机柜内	台	1			

续表

序号	项目编码	项目名称	项目特征描述	计量单位	工程数量	金额（元）		
						综合单价	合价	其中：暂估价
2	030506001002	MD录放机	（1）名称：MD录放机 （2）类别：信号源设备 （3）安装方式：机柜内	台	1			
3	030506001003	CD录放机	（1）名称：CD录放机 （2）类别：信号源设备 （3）安装方式：机柜内	台	1			
4	030506001004	卡座录放机	（1）名称：卡座录放机 （2）类别：信号源设备 （3）安装方式：机柜内	台	1			
5	030506001005	数字音频媒体矩阵	（1）名称：数字音频媒体矩阵 （2）类别：调音台周边设备 （3）安装方式：机柜内	台	1			
6	030506001006	功率放大器	（1）名称：功率放大器 （2）类别：功率放大器 （3）安装方式：机柜内	台	2			
7	030506001007	吸顶音箱	（1）名称：吸顶音箱 （2）类别：扬声器 （3）安装方式：吸顶	只	8			
8	030506001008	壁挂音箱	（1）名称：壁挂音箱 （2）类别：扬声器 （3）安装方式：壁挂	只	4			
9	030506001009	数字会议系统主控机	（1）名称：数字会议系统主控机 （2）类别：会议专用设备 （3）安装方式：机柜内	台	1			
10	030506001010	代表机	（1）名称：代表机 （2）类别：会议专用设备 （3）安装方式：桌上嵌入式	台	26			
11	030506001011	会议专用主控PC机	（1）名称：会议专用主控PC机 （2）类别：会议专用设备 （3）安装方式：机柜内	台	1			

续表

序号	项目编码	项目名称	项目特征描述	计量单位	工程数量	金额（元）		
						综合单价	合价	其中：暂估价
12	030506002001	扩声系统级间调试	（1）名称：扩声系统级间调试 （2）类别：多功能系统 （3）功能：调试	个	8			
13	030506002002	扩声系统调试	（1）名称：扩声系统调试 （2）类别：调试 （3）功能：调试	系统	1			
14	030506002003	扩声系统测量	（1）名称：扩声系统测量 （2）类别：调试 （3）功能：调试	系统	1			
15	030506003001	扩声系统试运行	（1）名称：扩声系统试运行 （2）类别：试运行 （3）功能：试运行	系统	1			

解（问题3）：编制代表机分部分项工程量清单综合单价分析表，见表3.4-3。

综合单价分析表　　表3.4-3

项目编码		030506001010		项目名称	代表机		计量单位	台	工程量	26	
清单综合单价组成明细											
定额编号	定额项目名称	定额单位	数量	单价（元）				合价（元）			
				人工费	材料费	机械费	管理费和利润	人工费	材料费	机械费	管理费和利润
5-616	会议专用设备安装主席机、代表机嵌入式	台	1	47.08	324.2	1.12	7.72	47.08	324.2	1.12	7.72
人工单价		小计						47.08	324.2	1.12	7.72
合计工日：103.02元/工日		未计价材料费						320			

续表

清单项目综合单价				380.12			
材料费明细	主要材料名称、规格、型号	单位	数量	单价（元）	合价（元）	暂估单价（元）	暂估合价（元）
	代表机	台	1	320	320		
	其他材料费			—	4.2	—	0
	材料费小计			—	324.2	—	0

3.4.3 问题思考

一、单选题

1. 依据《通用安装工程工程量计算规范》GB 50856，主席机、代表机表决单元及会议专用主控PC机应执行的清单项目是（　　）。

A. 扩声系统设备　　B. 背景音乐系统设备

C. 视频系统设备　　D. 公共广播系统设备

2. 依据《通用安装工程工程量计算规范》GB 50856，CD机、VCD/DVD机、数字播放机（MP3等）应执行的清单项目是（　　）。

A. 扩声系统设备　　B. 背景音乐系统设备

C. 视频系统设备　　D. 公共广播系统设备

3. CD机、VCD/DVD机、数字播放机（MP3等）属于（　　）。

A. 信号源设备　　B. 调音台周边设备

C. 功率放大器　　D. 会议专用设备

4. 依据《通用安装工程工程量计算规范》GB 50856，VGA/DVI矩阵应执行的清单项目是（　　）。

A. 扩声系统设备　　B. 背景音乐系统设备

C. 视频系统设备　　D. 公共广播系统设备

5. 视频矩阵属于（　　）。

A. 信号采集设备　　B. 信号处理设备　　C. 显示设备　　D. 录编设备

6. 投影仪、电子白板、LED显示屏、提词器属于（　　）。

A. 信号采集设备　　B. 信号处理设备　　C. 显示设备　　D. 录编设备

二、多选题

1. 音频、视频系统主要包括（　　）等子系统。

A. 公共广播系统　　B. 视频会议系统

C．信息引导及发布系统　　D．监控系统

E．安全检查

2．视频系统显示设备主要包括（　　），按设计图示数量计算，以“台”为计量单位。

A．显示器、投影仪　　B．电子白板　　C．背投箱体

D．LED显示屏　　E．会议终端

3.4.4 拓展知识

资源名称	视频会议系统接线示意图	手拉手视频会议系统示意图	音频视频系统计量与计价参考答案
资源类型	文档	文档	文档
资源二维码			

任务 3.5 有线电视、卫星接收系统工程计量与计价

3.5.1 学生任务单

任务名称	有线电视、卫星接收系统工程计量与计价		
学生姓名		班级学号	
同组成员			
任务角色	□编制人员　　□复核人员		

任务卡		
任务卡	任务内容	识读【任务图片】，结合教学载体施工图纸信息，快速、准确计算出有线电视系统工程量，编制出指定项目的分部分项工程量清单，并编制综合单价分析表　有线电视工程图
任务卡	需提交成果	1. 工程量计算表； 2. 分部分项工程和单价措施项目清单与计价表； 3. 工程量清单综合单价分析表

任务实施

工程量计算表

序号	项目名称	计算过程	计量单位	工程量

分部分项工程和单价措施项目清单与计价表

序号	项目编码	项目名称	项目特征描述	计量单位	工程量	金额（元）	
						综合单价	合价

续表

<table>
<tr><td rowspan="15">任务实施</td><td colspan="12">**工程量清单综合单价分析表**</td></tr>
<tr><td>项目编码</td><td colspan="2"></td><td>项目名称</td><td colspan="3"></td><td colspan="2">计量单位</td><td></td><td>工程量</td><td></td></tr>
<tr><td colspan="12">清单综合单价组成明细</td></tr>
<tr><td rowspan="2">定额编号</td><td rowspan="2">定额名称</td><td rowspan="2">定额单位</td><td rowspan="2">数量</td><td colspan="4">单价（元）</td><td colspan="4">合价（元）</td></tr>
<tr><td>人工费</td><td>材料费</td><td>机械费</td><td>管理费和利润</td><td>人工费</td><td>材料费</td><td>机械费</td><td>管理费和利润</td></tr>
<tr><td></td><td></td><td></td><td></td><td></td><td></td><td></td><td></td><td></td><td></td><td></td><td></td></tr>
<tr><td></td><td></td><td></td><td></td><td></td><td></td><td></td><td></td><td></td><td></td><td></td><td></td></tr>
<tr><td colspan="2">人工单价</td><td colspan="6">小计</td><td></td><td></td><td></td><td></td></tr>
<tr><td colspan="2">元/工日</td><td colspan="6">未计价材料费</td><td colspan="4"></td></tr>
<tr><td colspan="8">清单项目综合单价</td><td colspan="4"></td></tr>
<tr><td rowspan="5">材料费明细</td><td colspan="4">主要材料名称、规格、型号</td><td>单位</td><td colspan="2">数量</td><td>单价（元）</td><td>合价（元）</td><td>暂估单价（元）</td><td>暂估合价（元）</td></tr>
<tr><td colspan="4"></td><td></td><td colspan="2"></td><td></td><td></td><td></td><td></td></tr>
<tr><td colspan="4"></td><td></td><td colspan="2"></td><td></td><td></td><td></td><td></td></tr>
<tr><td colspan="7">其他材料费</td><td>—</td><td></td><td>—</td><td></td></tr>
<tr><td colspan="7">材料费小计</td><td>—</td><td></td><td>—</td><td></td></tr>
<tr><td rowspan="2">学习反思</td><td>遇到问题</td><td colspan="11"></td></tr>
<tr><td>解决方法</td><td colspan="11"></td></tr>
<tr><td rowspan="6">过程评价</td><td rowspan="2">自我评价（5分）</td><td colspan="2">课前学习</td><td colspan="2">时间观念</td><td colspan="2">实施方法</td><td colspan="2">职业素养</td><td colspan="2">成果质量</td><td>分值</td></tr>
<tr><td colspan="2"></td><td colspan="2"></td><td colspan="2"></td><td colspan="2"></td><td colspan="2"></td><td></td></tr>
<tr><td rowspan="2">小组评价（5分）</td><td colspan="2">任务承担</td><td colspan="2">时间观念</td><td colspan="2">团队合作</td><td colspan="2">能力素养</td><td colspan="2">成果质量</td><td>分值</td></tr>
<tr><td colspan="2"></td><td colspan="2"></td><td colspan="2"></td><td colspan="2"></td><td colspan="2"></td><td></td></tr>
<tr><td>综合打分</td><td colspan="11">自我评价分值+小组评价分值：</td></tr>
<tr><td>教师总评</td><td colspan="11">签名：</td></tr>
</table>

3.5.2 知识与技能

1．知识点——有线电视及卫星电视接收系统组成与项目列项

有线电视及卫星电视接收系统主要包括有线广播电视、卫星电视、闭路电视系统设备的安装调试工程，其分项工程如图3.5-1所示。

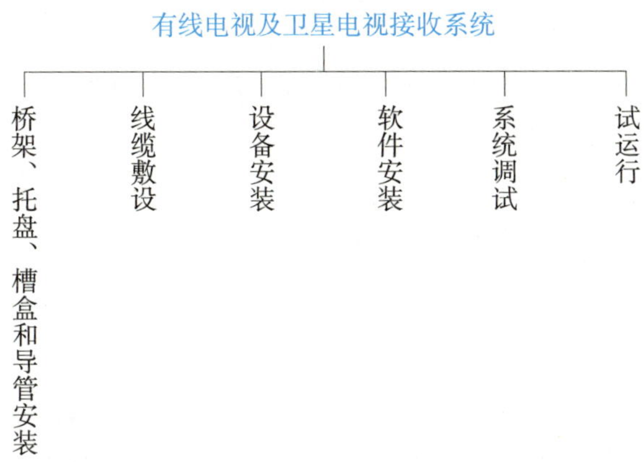

图3.5-1　有线电视及卫星电视接收系统分项工程

2．知识点——桥架、托盘、槽盒、导管安装工程量计算规则与方法

桥架、托盘、槽盒、导管安装执行《电气设备安装工程》相应项目，具体详见任务2.2和任务2.3。

3．知识点——有线电视及卫星电视接收系统工程量计算规则与方法

有线电视系统工程计量

（1）电视墙安装、调试，按设计图示数量计算，以“套”为计量单位。

（2）前端射频设备、前端广播设备安装调试，按设计图示数量计算，以“套”为计量单位。

1）前端射频设备包括邻频前端、电视解调器、中频调制器、捷变频调制器、卫星电视节目接收机、前端混合器等。

2）前端广播设备包括FM调制器、调频解调器、DAB调制器。

（3）卫星电视接收设备、光端设备、有线电视系统管理设备安装、调试，按设计图示数量计算，以“台”为计量单位。

1）卫星电视接收设备包括解码器（解压器）、数字信号转换器、卫星信号放大器、功分器。

2）光端设备包括模拟光发射机、反向光接收机、FM光发射机、数字光发射机、光分路器。

3）有线电视系统管理设备安装、调试包括视频加密器、数据调制器、数据分支器、数据控制器、数据解调器、网络收费管理控制器、收费管理系统测试、网络管理系统测试。

（4）播控台、数字电视设备等播控设备安装、调试，按设计图示数量计算，以“台”为计量单位。

数字电视设备包括编码器、QAM调制器、复用器、节目管理控制器、CA加密机、加扰器、数字调制器、机顶盒等。

（5）干线传输设备、线路设备、分配网络设备安装、调试，按设计图示数量计算，以“个”为计量单位。

1）干线传输设备包括光接收机、光放大器。

2）线路设备包括线路放大器、供电器、无源器件。

3）分配网络设备包括安装楼栋放大器、混合器、分支器、分配器、终端电阻、均衡器、衰减器、交互式分配设备、用户终端机。

（6）同轴电缆布放，按设计图示尺寸计算，以“m”为计量单位，电缆附加及预留的长度按照任务2.3中电缆附加及预留长度的相关规定计算。同轴电缆布放形式主要有管内穿放、沿桥架敷设。

4．技能点——有线电视及卫星电视接收系统工程计量与计价示例

【例】已知：某综合楼首层有线电视及卫星电视接收系统如图3.5–2所示，层高4m，有线电视信号由室外有线电视网的市政接口引来，有线电视前段设备设在弱电机房内，采用包括接收天线、天线放大器、调制解调器、均衡器、滤波器、混合器等包含64套节目的邻频前端机柜4个。系统采用“分配–分支–分配”方式，线路由弱电机房引金属线槽至弱电竖井并延伸至各楼层。干线电缆选用SYWV–75–9（P4）（双向系统四屏蔽电缆），沿桥架敷设总长度为230m；支线电缆选用SYWV–75–5（P4）（四屏蔽电缆），沿桥架敷设总长度为200m，管内穿放长度为120m（不计算电缆头）。放大器箱VH（600mm×400mm×160mm）明装在弱电机房，底边距地0.5m；分支分配器箱VP（300mm×250mm×155mm）弱电竖井内明挂，底边距地0.5m。电视插座餐厅、大厅等距地2.2m暗装，其他距地0.3m暗装。该工程相关费用及工程量清单项目设置信息扫码获取。

有线电视系统相关费用及工程量清单设置信息

问题：

（1）试计算有线电视系统的工程量；

（2）编制有线电视系统分部分项工程量清单；

（3）编制四分配器的综合单价分析表。

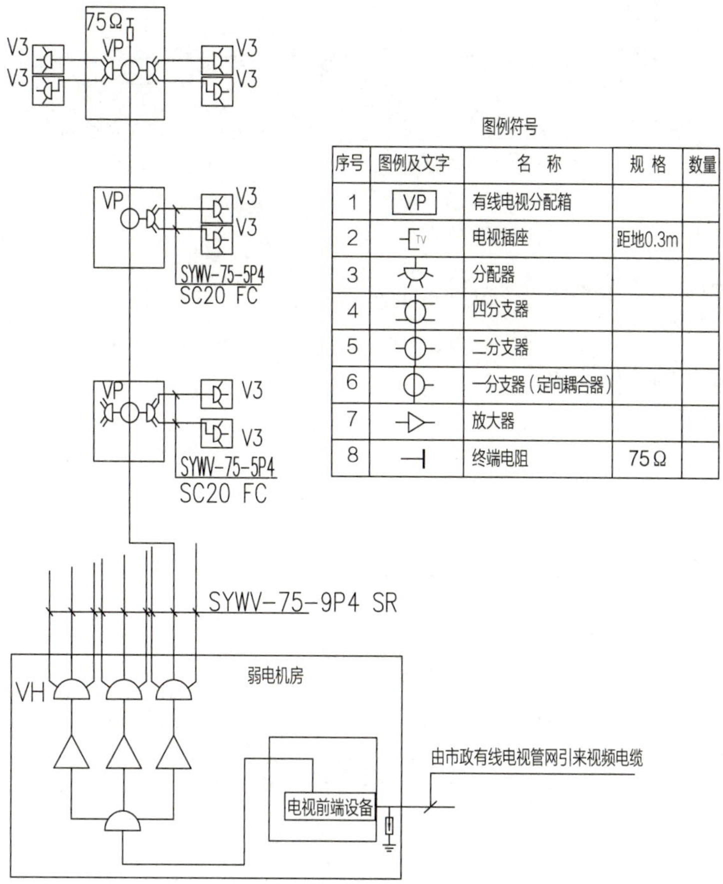

图例符号

序号	图例及文字	名　称	规 格	数量
1	VP	有线电视分配箱		
2	TV	电视插座	距地0.3m	
3		分配器		
4		四分支器		
5		二分支器		
6		一分支器（定向耦合器）		
7		放大器		
8		终端电阻	75Ω	

图3.5-2　有线电视系统图及图例

【答案】

解（问题1）：列表计算工程量，有线电视系统工程量计算过程见表3.5-1。

工程量计算表　　表3.5-1

序号	项目名称	计算过程	计量单位	工程量
1	邻频前端	64个频道，共4个邻频前端机柜	套	4
2	邻频前端射频设备系统调试	64个频道，共4个邻频前端机柜	套	4
3	楼栋放大器	系统图	个	3
4	调试放大器 单向	系统图	个	3
5	三分配器	系统图	个	12
6	四分配器	系统图	个	5
7	一分支器	系统图	个	1

续表

序号	项目名称	计算过程	计量单位	工程量
8	二分支器	系统图	个	2
9	75Ω终端电阻	系统图	个	1
10	沿桥架敷设视频同轴电缆SYWV-75-9（P4）	已知	m	230.00
11	沿桥架敷设视频同轴电缆SYWV-75-5（P4）	已知	m	200.00
12	管内穿放视频同轴电缆SYWV-75-5（P4）	已知	m	120.00
13	放大器箱VH（600mm×400mm×160mm）	系统图	台	1
14	有线电视分配箱VP（300mm×250mm×155mm）	系统图	台	3

解（问题2）：有线电视系统的分部分项工程量清单编制，见表3.5-2。

分部分项工程量清单与计价表　　表3.5-2

序号	项目编码	项目名称	项目特征描述	计量单位	工程数量	金额（元）		
						综合单价	合价	其中：暂估价
1	030505005001	敷设射频同轴电缆	（1）名称：视频同轴电缆 （2）规格：SYWV-75-9（P4） （3）敷设方式：沿桥架敷设	m	230.00			
2	030505005002	敷设射频同轴电缆	（1）名称：视频同轴电缆 （2）规格：SYWV-75-5（P4） （3）敷设方式：沿桥架敷设	m	200.00			
3	030505005003	敷设射频同轴电缆	（1）名称：视频同轴电缆 （2）规格：SYWV-75-5（P4） （3）敷设方式：管内穿放	m	120.00			
4	030505007001	邻频前端	（1）名称：邻频前端 （2）类别：前端射频设备 （3）频道数量：64个	套	1			

续表

序号	项目编码	项目名称	项目特征描述	计量单位	工程数量	金额（元）		
						综合单价	合价	其中：暂估价
5	030505007002	邻频前端射频设备系统调试	（1）名称：邻频前端射频设备系统调试 （2）类别：前端射频设备 （3）频道数量：64个	套	1			
6	030505013001	楼栋放大器	（1）名称：楼栋放大器 （2）功能：分配网络 （3）安装方式：室内箱内安装	个	3			
7	030505013002	调试楼栋放大器	（1）名称：调试楼栋放大器 （2）功能：单向	个	3			
8	030505013003	三分配器	（1）名称：分配器 （2）功能：分配网络 （3）规格：3路 （4）安装方式：室内箱内安装	个	12			
9	030505013004	四分配器	（1）名称：分配器 （2）功能：分配网络 （3）规格：4路 （4）安装方式：室内箱内安装	个	5			
10	030505013005	一分支器	（1）名称：分支器 （2）功能：分配网络 （3）规格：1路 （4）安装方式：室内箱内安装	个	1			
11	030505013006	二分支器	（1）名称：分支器 （2）功能：分配网络 （3）规格：2路 （4）安装方式：室内箱内安装	个	2			
12	030505013007	75Ω终端电阻	（1）名称：终端电阻 （2）功能：分配网络 （3）规格：75Ω （4）安装方式：室内箱内安装	个	1			
13	030404032001	放大器箱	（1）名称：放大器箱 （2）规格：600mm × 400mm × 160mm （3）安装部位：弱电机房壁挂	台	1			

续表

<table>
<tr><th rowspan="2">序号</th><th rowspan="2">项目编码</th><th rowspan="2">项目名称</th><th rowspan="2">项目特征描述</th><th rowspan="2">计量单位</th><th rowspan="2">工程数量</th><th colspan="3">金额（元）</th></tr>
<tr><th>综合单价</th><th>合价</th><th>其中:暂估价</th></tr>
<tr><td>14</td><td>030404032002</td><td>有线电视分配箱</td><td>（1）名称：有线电视分配箱
（2）规格：300mm × 250mm × 155mm
（3）安装部位：弱电竖井明挂</td><td>台</td><td>3</td><td></td><td></td><td></td></tr>
</table>

解（问题3）：编制四分配器分部分项工程量清单综合单价分析表，见表3.5–3。

综合单价分析表　　表3.5–3

<table>
<tr><td colspan="2">项目编码</td><td colspan="2">030505013004</td><td colspan="2">项目名称</td><td colspan="2">四分配器</td><td>计量单位</td><td>个</td><td>工程量</td><td>5</td></tr>
<tr><td colspan="12">清单综合单价组成明细</td></tr>
<tr><td rowspan="2">定额编号</td><td rowspan="2">定额项目名称</td><td rowspan="2">定额单位</td><td rowspan="2">数量</td><td colspan="4">单价（元）</td><td colspan="4">合价（元）</td></tr>
<tr><td>人工费</td><td>材料费</td><td>机械费</td><td>管理费和利润</td><td>人工费</td><td>材料费</td><td>机械费</td><td>管理费和利润</td></tr>
<tr><td>5–502</td><td>分支器、分配器≤8</td><td>个</td><td>1</td><td>10.3</td><td>0.63</td><td>10.38</td><td>3.31</td><td>10.3</td><td>0.63</td><td>10.38</td><td>3.31</td></tr>
<tr><td colspan="3">人工单价</td><td colspan="5">小计</td><td>10.3</td><td>0.63</td><td>10.38</td><td>3.31</td></tr>
<tr><td colspan="3">合计工日：103元/工日</td><td colspan="5">未计价材料费</td><td colspan="4">0</td></tr>
<tr><td colspan="8">清单项目综合单价</td><td colspan="4">24.62</td></tr>
<tr><td rowspan="3">材料费明细</td><td colspan="5">主要材料名称、规格、型号</td><td>单位</td><td>数量</td><td>单价（元）</td><td>合价（元）</td><td>暂估单价（元）</td><td>暂估合价（元）</td></tr>
<tr><td colspan="7">其他材料费</td><td>—</td><td>0.63</td><td>—</td><td></td></tr>
<tr><td colspan="7">材料费小计</td><td>—</td><td>0.63</td><td>—</td><td></td></tr>
</table>

3.5.3 问题思考

一、单选题

1. 依据《通用安装工程工程量计算规范》GB 50856，邻频前端应执行的清单项目是（　　）。

A．干线设备　　B．前端射频设备
C．分配网络　　D．光端设备

2．依据《通用安装工程工程量计算规范》GB 50856，SYWV-75-5（P4）应执行的清单项目是（　　）。

A．控制电缆　　B．电力电缆
C．射频同轴电缆　　D．大对数电缆

3．依据《通用安装工程工程量计算规范》GB 50856，楼栋放大器应执行的清单项目是（　　）。

A．干线设备　　B．前端射频设备
C．分配网络　　D．光端设备

4．依据《通用安装工程工程量计算规范》GB 50856，分配器、分支器、75Ω电阻应执行的清单项目是（　　）。

A．干线设备　　B．前端射频设备
C．分配网络　　D．光端设备

5．依据《通用安装工程工程量计算规范》GB 50856，数据解调器应执行的清单项目是（　　）。

A．干线设备　　B．有线电视系统管理设备
C．分配网络　　D．光端设备

6．依据《通用安装工程工程量计算规范》GB 50856，用户终端机应执行的清单项目是（　　）。

A．干线设备　　B．有线电视系统管理设备
C．分配网络　　D．光端设备

二、多选题

1．卫星电视接收系统由（　　）组成。

A．接收天线　　B．高频头
C．低频头　　D．卫星接收机
E．电力电缆

2．某同轴电缆型号为“SYKY-50-5”，表示（　　）。

A．护套材料为聚乙烯纵孔半空气绝缘　　B．芯线绝缘外径为5cm
C．是藕芯同轴电缆　　D．特性阻抗为50Ω
E．电力电缆

3．有线电视及卫星电视接收系统主要包括（　　）系统设备的安装调试工程。

A．有线广播电视　　B．卫星电视　　C．闭路电视
D．视频电视　　E．数字电视

三、判断题

1. 同轴电缆线芯为单股或多股铜线构成，绝缘物外面包裹金属丝编织网或金属箔，最外面再用塑料护套防护。常用型号如SYkV–75–5，表示同轴射频电缆，电缆特性阻抗75Ω，线芯绝缘外径5mm。（　　）

2. 同轴电缆布放执行《电气设备安装工程》相应项目。（　　）

3.5.4 拓展知识

资源名称	有线电视系统连接示意图	有线电视图形符号	有线电视系统计量与计价参考答案
资源类型	文档	文档	文档
资源二维码			

任务 3.6 火灾自动报警系统工程计量与计价

3.6.1 学生任务单

任务名称	火灾自动报警系统工程计量与计价		
学生姓名		班级学号	
同组成员			
任务角色	□编制人员	□复核人员	

任务卡		
任务卡	任务内容	识读【任务图片】，结合教学载体施工图纸信息，快速、准确计算出火灾自动报警系统工程量，编制出指定项目的分部分项工程量清单，并编制综合单价分析表 火灾自动报警系统平面图
任务卡	需提交成果	1. 工程量计算表； 2. 分部分项工程和单价措施项目清单与计价表； 3. 工程量清单综合单价分析表

任务实施

工程量计算表

序号	项目名称	计算过程	计量单位	工程量

分部分项工程和单价措施项目清单与计价表

序号	项目编码	项目名称	项目特征描述	计量单位	工程量	金额（元）	
						综合单价	合价

续表

<table>
<tr><td rowspan="15">任务实施</td><td colspan="12">**工程量清单综合单价分析表**</td></tr>
<tr><td>项目编码</td><td colspan="2"></td><td>项目名称</td><td colspan="3"></td><td colspan="2">计量单位</td><td></td><td>工程量</td><td></td></tr>
<tr><td colspan="12">清单综合单价组成明细</td></tr>
<tr><td rowspan="2">定额编号</td><td rowspan="2">定额名称</td><td rowspan="2">定额单位</td><td rowspan="2">数量</td><td colspan="4">单价（元）</td><td colspan="4">合价（元）</td></tr>
<tr><td>人工费</td><td>材料费</td><td>机械费</td><td>管理费和利润</td><td>人工费</td><td>材料费</td><td>机械费</td><td>管理费和利润</td></tr>
<tr><td></td><td></td><td></td><td></td><td></td><td></td><td></td><td></td><td></td><td></td><td></td><td></td></tr>
<tr><td></td><td></td><td></td><td></td><td></td><td></td><td></td><td></td><td></td><td></td><td></td><td></td></tr>
<tr><td colspan="2">人工单价</td><td colspan="6">小计</td><td></td><td></td><td></td><td></td></tr>
<tr><td colspan="2">元/工日</td><td colspan="6">未计价材料费</td><td colspan="4"></td></tr>
<tr><td colspan="8">清单项目综合单价</td><td colspan="4"></td></tr>
<tr><td rowspan="5">材料费明细</td><td colspan="5">主要材料名称、规格、型号</td><td>单位</td><td>数量</td><td>单价（元）</td><td>合价（元）</td><td>暂估单价（元）</td><td>暂估合价（元）</td></tr>
<tr><td colspan="5"></td><td></td><td></td><td></td><td></td><td></td><td></td></tr>
<tr><td colspan="5"></td><td></td><td></td><td></td><td></td><td></td><td></td></tr>
<tr><td colspan="7">其他材料费</td><td>—</td><td></td><td>—</td><td></td></tr>
<tr><td colspan="7">材料费小计</td><td>—</td><td></td><td>—</td><td></td></tr>
<tr><td rowspan="2">学习反思</td><td>遇到问题</td><td colspan="11"></td></tr>
<tr><td>解决方法</td><td colspan="11"></td></tr>
<tr><td rowspan="6">过程评价</td><td rowspan="2">自我评价（5分）</td><td colspan="2">课前学习</td><td colspan="2">时间观念</td><td colspan="2">实施方法</td><td colspan="2">职业素养</td><td colspan="2">成果质量</td><td>分值</td></tr>
<tr><td colspan="2"></td><td colspan="2"></td><td colspan="2"></td><td colspan="2"></td><td colspan="2"></td><td></td></tr>
<tr><td rowspan="2">小组评价（5分）</td><td colspan="2">任务承担</td><td colspan="2">时间观念</td><td colspan="2">团队合作</td><td colspan="2">能力素养</td><td colspan="2">成果质量</td><td>分值</td></tr>
<tr><td colspan="2"></td><td colspan="2"></td><td colspan="2"></td><td colspan="2"></td><td colspan="2"></td><td></td></tr>
<tr><td>综合打分</td><td colspan="11">自我评价分值+小组评价分值：</td></tr>
<tr><td>教师总评</td><td colspan="11">签名：</td></tr>
</table>

3.6.2 知识与技能

1．知识点——火灾自动报警系统组成与项目列项

火灾自动报警系统分项工程如图3.6–1所示。

火灾自动报警系统的组成

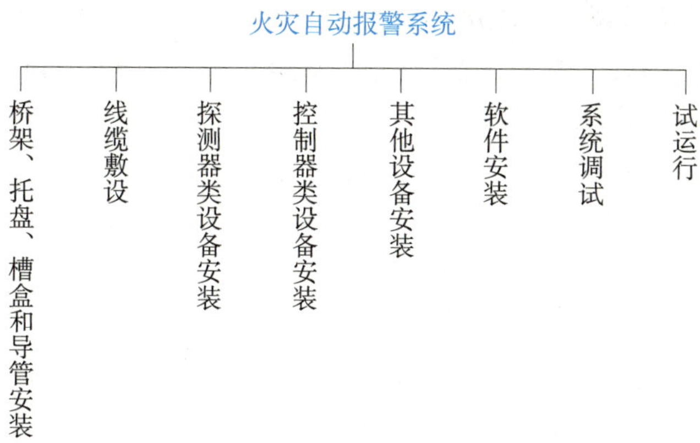

图3.6–1　火灾自动报警系统分项工程

2．知识点——桥架、托盘、槽盒、导管安装及线缆敷设工程量计算规则与方法

桥架、托盘、槽盒、导管安装及电缆敷设执行《电气设备安装工程》相应项目，具体详见任务2.2和任务2.3。

3．知识点——火灾自动报警系统安装、调试工程量计算规则与方法

火灾自动报警系统工程计量

（1）点型探测器按设计图示数量计算，不分规格、型号、安装方式与位置，以“个”“对”为计量单位。探测器安装包括了探头和底座的安装及本体调试。红外光束探测器是成对使用的，在计算时一对为两只。

点型探测器包括火焰、烟感、温感、红外光束、可燃气体探测器等。

（2）线型探测器依据探测器长度、信号转换装置数量、报警终端电阻数量按设计图示数量计算，分别以“m”“台”“个”为计量单位。

（3）按钮、消防警铃、声光报警器、消防报警电话插孔（电话）、消防广播（扬声器）、消防专用模块、报警接口安装，按设计图示数量计算，以“个”为计量单位。

（4）模块箱、端子箱安装，按设计图示数量计算，以“台”为计量单位。

（5）区域报警控制箱、联动控制箱、火灾报警系统控制主机、联动控制主机、报警联动一体机按设计图示数量计算，区分不同点数、安装方式，以“台”为计量单位。

（6）远程控制箱（柜）、重复显示器安装，按设计图示数量计算，以“台”为计量单位。

（7）消防广播及对讲电话主机（柜）、火灾报警控制微机（CRT）、备用电源及电池主机（柜）安装，按设计图示数量计算，以“台”为计量单位。

1）广播及对讲电话主机包括功放、录音机、分配器、控制柜、消防电话主机等设备。

2）报警控制微机（CRT）包含主机、显示器、打印机整体。

（8）空气采样管依据图示设计长度计算，以“m”为计量单位；极早期空气采样报警器依据探测回路数按设计图示数量计算，以“台”为计量单位。

（9）自动报警系统调试，区分不同点数根据集中报警器台数按系统计算。自动报警系统包括各种探测器、报警器、报警按钮、报警控制器组成的报警系统，其点数按具有地址编码的器件数量计算。

火灾事故广播、消防通信系统调试，按消防广播喇叭及音箱、电话插孔和消防通信的电话分机的数量分别以“10只”或“部”为计量单位。

4．技能点——火灾自动报警系统工程计量与计价示例

火灾自动报警系统相关费用及工程量清单设置信息

【例】已知：某综合楼首层火灾自动报警系统如图3.6-2和图3.6-3所示，层高4m。报警信号线：NH-RVS-2×1.5-JDG20-CC，WC；电源线（支线）：WDZN-BYJ-750V-2×2.5-JDG20-CC，WC；电话线：NH-RVS-2×1.5-JDG20-FC，WC；（消防）广播线：NH-RVS-2×1.5-JDG20-CC，WC。探测器吸顶安装；火灾声光报警器距地2.5m明装；消火栓启泵按钮接线盒设在消火栓顶部，距地1.9m；报警电话底边距地1.3m；消防广播吸顶安装；短路隔离器设置在消防端子箱内，端子箱距地1.2m明装；广播控制模块吸顶或距地2.5m安装，其他模块设置在金属模块箱内距地2.5m。该工程相关费用及工程量清单项目设置信息扫码获取。

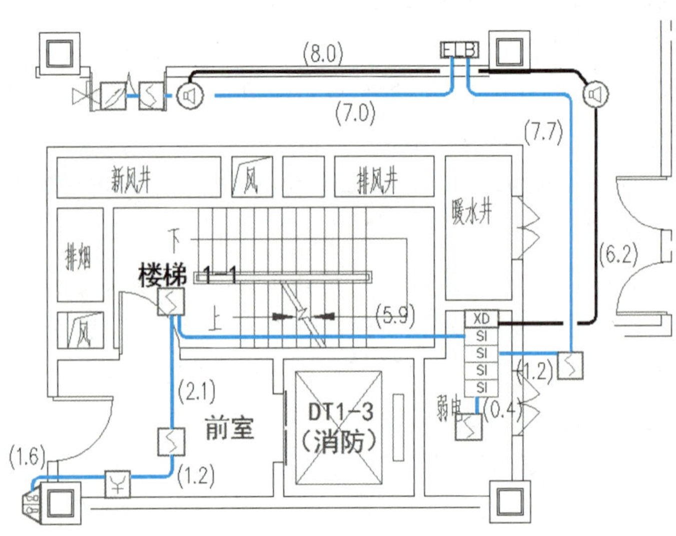

图3.6-2 火灾自动报警系统平面图

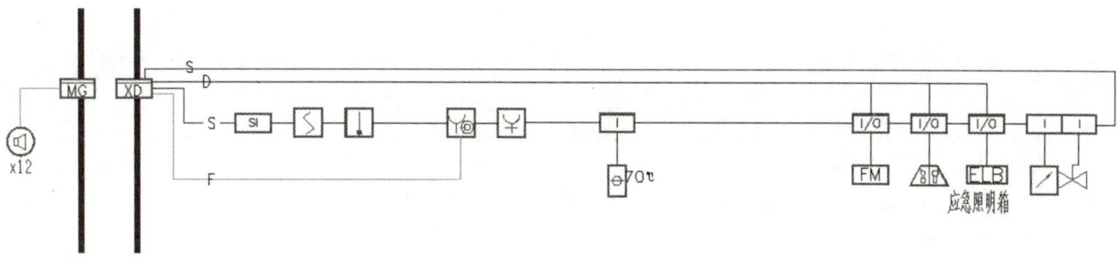

图3.6-3　火灾自动报警系统图

问题：

（1）试计算火灾自动报警系统的工程量；

（2）编制火灾自动报警系统分部分项工程量清单；

（3）编制该工程感烟探测器的综合单价分析表。

【答案】

解（问题1）：列表计算工程量，火灾自动报警系统工程量计算过程见表3.6-1。

工程量计算表　　表3.6-1

序号	项目名称	计算过程	计量单位	工程量
1	感烟探测器	平面图	个	5
2	消火栓报警按钮	平面图	个	1
3	声光报警器	平面图	个	1
4	消防广播扬声器3W吸顶式	平面图	个	2
5	单输入模块	水流指示器和信号阀	个	2
6	单输出模块	消防广播	个	1
7	单输入单输出模块	声光报警器和应急照明箱	个	2
8	短路隔离器模块	平面图	个	4
9	金属模块箱	平面图	台	2
10	消防端子箱	平面图	台	4
11	JDG20	穿报警信号线： 回路1［（1.2+7.7+7.0）水平+（4–1.2）端子箱立管+（4–2.5）×2（2根ELB箱上模块箱立管）］+回路2［（5.9+2.1+1.2+1.6）水平+（4–1.2）端子箱立管+（4–1.9）×2消火栓报警按钮立管+（4–2.5）声光报警器立管］=41 穿电源线： 回路1［（1.2+7.7+7.0）水平+（4–1.2）端子箱立管+（4–2.5）ELB箱上模块箱立管］+回路2［（5.9+2.1+1.2+1.6）水平+（4–1.2）端子箱立管+（4–2.5）声光报警器立管］=35.3 穿消防广播线： （6.2+8.0）+（4–1.2）端子箱立管=17	m	93.30

续表

序号	项目名称	计算过程	计量单位	工程量
12	耐火铜芯聚录乙烯绝缘绞型软线NH–RVS–2×1.5	报警信号线+消防广播线：41+17=58	m	58.00
13	无卤低烟阻燃耐火铜导线WDZN–BYJ–750V–2×2.5	电源线：35.3×2=70.6	m	70.60

解（问题2）：火灾自动报警系统的分部分项工程量清单编制，见表3.6–2。

分部分项工程量清单与计价表　　表3.6–2

序号	项目编码	项目名称	项目特征描述	计量单位	工程数量	金额（元）		
						综合单价	合价	其中：暂估价
1	0300904001001	感烟探测器	（1）名称：感烟探测器 （2）规格：JJY–GD–JBF–4100 （3）线制：总线制 （4）类型：点型探测器	个	5			
2	0300904003001	消火栓报警按钮	（1）名称：消火栓报警按钮 （2）规格：JBF3332A	个	1			
3	0300904005001	声光报警器	（1）名称：声光报警器 （2）规格：HX–3008	个	1			
4	0300904007001	消防广播扬声器	（1）名称：消防广播扬声器 （2）功率：3W （3）安装方式：吸顶式	个	2			
5	0300904008001	单输入模块	（1）名称：单输入模块 （2）规格：JBF4141 （3）类型：水流指示器和信号阀 （4）输出方式：单输入	个	2			
6	0300904008002	单输出模块	（1）名称：单输出模块 （2）规格：JBF4141 （3）类型：消防广播模块 （4）输出方式：单输出	个	1			
7	0300904008003	单输入单输出模块	（1）名称：单输入单输出模块 （2）规格：JBF4141 （3）类型：声光报警器和应急照明箱模块 （4）输出方式：单输入单输出	个	2			

续表

序号	项目编码	项目名称	项目特征描述	计量单位	工程数量	金额（元）		
						综合单价	合价	其中：暂估价
8	0300904008004	短路隔离器模块	（1）名称：短路隔离器模块 （2）规格：JBF4141 （3）类型：短路控制 （4）输出方式：单输出	个	4			
9	0300904008005	金属模块箱	（1）名称：金属模块箱 （2）类型：设置模块	台	2			
10	0300904008006	消防端子箱	（1）名称：消防端子箱 （2）类型：短路隔离器模块	台	4			
11	030905001001	自动报警系统调试	（1）点数：9个 （2）线制：总线制	系统	1			
12	030411001001	配管	（1）名称：套接紧定式镀锌钢导管 （2）材质：钢管 （3）规格：JDG20 （4）配置形式：沿墙沿楼板暗敷	m	93.30			
13	030411004001	配线	（1）名称：管内穿线 （2）配线形式：控制线路 （3）型号：NH–RVS （4）规格：$2 \times 1.5mm^2$ （5）材质：耐火铜芯聚录乙烯绝缘绞型软线 （6）配线部位：沿墙沿楼板暗敷	m	58.00			
14	030411004002	配线	（1）名称：管内穿线 （2）配线形式：照明线路 （3）型号：WDZN–BYJ （4）规格：$2.5mm^2$ （5）材质：铜芯 （6）配线部位：砖混凝土结构暗配	m	70.60			

解（问题3）：编制感烟探测器分部分项工程量清单综合单价分析表，见表3.6–3。

综合单价分析表　　　　表3.6-3

<table>
<tr><td colspan="2">项目编码</td><td colspan="2">300904001001</td><td colspan="2">项目名称</td><td colspan="2">感烟探测器</td><td>计量单位</td><td>个</td><td>工程量</td><td>5</td></tr>
<tr><td colspan="12">清单综合单价组成明细</td></tr>
<tr><td rowspan="2">定额编号</td><td rowspan="2">定额项目名称</td><td rowspan="2">定额单位</td><td rowspan="2">数量</td><td colspan="4">单价（元）</td><td colspan="4">合价（元）</td></tr>
<tr><td>人工费</td><td>材料费</td><td>机械费</td><td>管理费和利润</td><td>人工费</td><td>材料费</td><td>机械费</td><td>管理费和利润</td></tr>
<tr><td>9–173</td><td>点型探测器安装 感烟</td><td>个</td><td>1</td><td>22.06</td><td>66.78</td><td>0.18</td><td>3.56</td><td>22.06</td><td>66.78</td><td>0.18</td><td>3.56</td></tr>
<tr><td colspan="2">人工单价</td><td colspan="6">小计</td><td>22.06</td><td>66.78</td><td>0.18</td><td>3.56</td></tr>
<tr><td colspan="2">合计工日：103.08元/工日</td><td colspan="6">未计价材料费</td><td colspan="4">65</td></tr>
<tr><td colspan="8">清单项目综合单价</td><td colspan="4">92.58</td></tr>
<tr><td rowspan="4">材料费明细</td><td colspan="5">主要材料名称、规格、型号</td><td>单位</td><td>数量</td><td>单价（元）</td><td>合价（元）</td><td>暂估单价（元）</td><td>暂估合价（元）</td></tr>
<tr><td colspan="5">点型光电感烟探测器</td><td>个</td><td>1</td><td>65</td><td>65</td><td></td><td></td></tr>
<tr><td colspan="7">其他材料费</td><td>—</td><td>1.78</td><td>—</td><td></td></tr>
<tr><td colspan="7">材料费小计</td><td>—</td><td>66.78</td><td>—</td><td></td></tr>
</table>

3.6.3 问题思考

一、单选题

1. 依据《通用安装工程工程量计算规范》GB 50856，火焰、烟感、温感、红外光束、可燃气体探测器应执行的清单项目是（　　）。

A. 点型探测器　　B. 线型探测器　　C. 按钮　　D. 声光报警器

2. 依据《通用安装工程工程量计算规范》GB 50856，短路隔离器应执行的清单项目是（　　）。

A. 点型探测器　　B. 模块　　C. 按钮　　D. 联动控制主机

3. 依据《通用安装工程工程量计算规范》GB 50856，功放、录音机、分配器、控制柜应执行的清单项目是（　　）。

A. 模块　　B. 火灾报警系统控制主机

C. 消防广播机对讲电话主机　　D. 联动控制主机

4. 依据《通用安装工程工程量计算规范》GB 50856，消防报警系统配管、配线、接线盒应执行的清单项目是（　　）。

A. 通信系统工程相关项目　　B. 电气设备安装工程配管配线项目

C. 综合布线系统工程相关项目　　D. 计算机网络系统工程相关项目

5. 火灾报警系统控制主机、联动控制主机、报警联动一体机按设计图示数量计算，区分不同（　　），以“台”为计量单位。

A. 规格、型号　　B. 点数、安装方式

C. 安装方式与位置　　D. 型号

6. 空气采样管计算工程量时，以（　　）为计量单位。

A. “个”　　B. “m”　　C. “套”　　D. “只”

二、多选题

1. 火灾报警控制微机（CRT）包含（　　）整体。

A. 主机　　B. 显示器

C. 打印机　　D. 火灾报警系统控制主机

E. 联动控制主机

2. 火灾自动报警系统工程计量过程中，（　　）执行《电气设备安装工程》相应项目。

A. 桥架安装　　B. 托盘安装　　C. 槽盒安装

D. 导管安装　　E. 电缆敷设

三、判断题

1. 点型探测器安装包括了探头和底座的安装及本体调试。（　　）

2. 红外光束探测器是成对使用的，在计算时一对为两只。（　　）

3. 点型探测器按设计图示数量计算，区分不同规格、型号、安装方式与位置，以“个”“对”为计量单位。（　　）

4. 自动报警系统包括各种探测器、报警器、报警按钮、报警控制器组成的报警系统，其点数按具有地址编码的器件数量计算。（　　）

3.6.4 拓展知识

资源名称	消防自动报警联动系统工作原理	火灾自动报警系统图形符号	消防自动报警系统计量与计价参考答案
资源类型	动画	文档	文档
资源二维码			

项目 4
措施项目与其他项目清单编制与计价

任务 4.1 措施项目清单编制与计价
任务 4.2 其他项目清单编制与计价

【教学载体】各地建筑安装工程费用标准文件。

【教学目标】

知识目标	能力目标	素养目标
1. 熟悉安装工程常见的措施项目、其他项目的组成； 2. 掌握安全文明施工的具体内容	1. 能够依据专业技术知识，编制措施项目清单，计算措施项目费； 2. 具有依据专业知识，编制其他项目清单并计算其他项目费的能力	树立安全第一理念，团结合作，求真务实

微分享：持续巩固疫情阶段性成果，构筑最坚实最有效疫情防控屏障。多地住建部门明确：在建筑安装工程费用中增加包括核酸检测、防护用品、消杀用品、测温器具、隔离围挡、宣传展板、专职防控人员等费用的疫情防控措施费，助力抗击新冠疫情和复工复产。同学们应该发扬伟大的抗疫精神，增强忧患意识、安全意识，团结合作，坚守职责！

【思维导图】

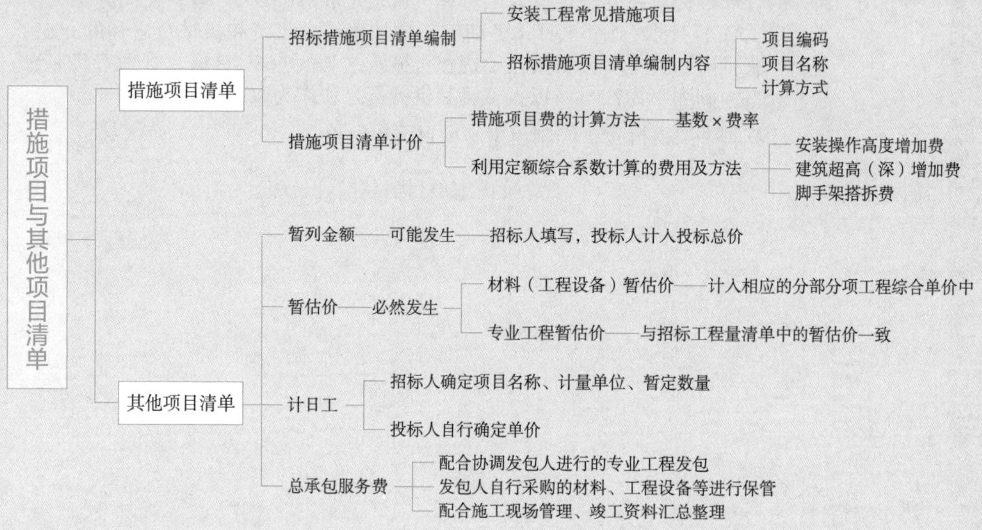

任务 4.1 措施项目清单编制与计价

4.1.1 学生任务单

任务名称	措施项目清单编制与计价		
学生姓名		班级学号	
同组成员			
任务角色	□清单编制	□投标报价	

任务卡	任务内容	工程概况：经计算某综合楼综合布线安装工程分部分项工程费用合计为30001.25元，其中人工费和机械费之和为12361.48元，建筑智能化分部工程人工费为7957.25元。根据施工方案，单价措施项目中仅有脚手架子目，建筑智能化分部工程的脚手架搭拆费按单位工程人工费的4%计算，其中人工工资占25%。总价措施项目费中的文明施工和环境保护费，根据当地工程造价管理机构发布的规定按人工费和机械费之和的0.65%计取；夜间施工费按32元/工日计取，5个工日；冬期施工增加费按人工费和机械费之和的3.65%计取，雨期施工增加费按人工费和机械费之和的0.65%计取。管理费费率为8.5%，利润率为7.5%，以人工费和机械费之和作为取费基数。 计算脚手架搭拆费，编制出措施项目清单计价
	需提交成果	总价措施项目清单与计价表
任务实施	脚手架搭拆费等计算过程	

续表

任务实施

总价措施项目清单与计价表

序号	项目编码	项目名称	计算基础	费率（%）	金额（元）	调整费率（%）	调整后金额（元）	备注
合计								

学习反思	遇到问题及解决方法						
过程评价	自我评价（5分）	课前学习	时间观念	实施方法	职业素养	成果质量	分值
	小组评价（5分）	任务承担	时间观念	团队合作	能力素养	成果质量	分值
	综合打分	自我评价分值+小组评价分值：					
	教师总评	签名：					

4.1.2 知识与技能

1. 知识点——建筑电气设备及智能化安装工程常见措施项目

措施项目是为完成工程项目施工，发生于该工程施工准备和施工过程中的技术、生活、安全、环境保护等方面的项目。安装工程措施项目可分为专业措施项目和安全文明施工及其他措施项目，具体可见《通用安装工程工程量计算规范》GB 50856—2013。

建筑电气设备及智能化安装工程的措施项目主要包括：

（1）脚手架搭拆：指场内、场外材料搬运，搭、拆脚手架，拆除脚手架后材料的堆放。

（2）安装与生产同时进行施工增加：火灾防护、噪声防护。

（3）在有害身体健康环境中施工增加：有害化合物防护、粉尘防护、有害气体防护、高浓度氧气防护。

（4）安全文明施工。

（5）夜间施工增加：夜间固定照明灯具和临时可移动照明灯具的设置、拆除；夜间施工时，施工现场交通标志、安全标牌、警示灯等的设置、移动、拆除；夜间照明设备及照明用电、施工人员夜班补助、夜间施工劳动效率降低等。

（6）非夜间施工增加：为保证工程施工正常进行，在地下（暗）室、设备及大口径管道内等特殊施工部位施工时所采用的照明设备的安拆、维护及照明用电、通风等；在地下（暗）室等施工引起的人工工效降低以及由于人工工效降低引起的机械降效。

（7）二次搬运：由于施工场地条件限制而发生的材料、成品、半成品等一次运输不能到达堆放地点，必须进行二次或多次搬运。

（8）冬雨期施工增加：冬雨（风）期施工时增加的临时设施（防寒保温、防雨、防风设施）的搭设、拆除；冬雨（风）期施工时，对砌体、混凝土等采用的特殊加温、保温和养护措施；冬雨（风）期施工时，施工现场的防滑处理、对影响施工的雨雪的清除；冬雨（风）期施工时增加的临时设施、施工人员的劳动保护用品、冬雨（风）期施工劳动效率降低等。

（9）已完工程及设备保护：对已完工程及设备采取的覆盖、包裹、封闭、隔离等必要保护措施。

（10）高层施工增加（建筑物超高增加费）：高层施工引起的人工工效降低以及由于人工工效降低引起的机械降效；通信联络设备的使用。

高层施工增加需符合下列规定：

1）单层建筑物檐口高度超过20m，多层建筑物超过6层时，按计算规范各附录分别列项。

2）突出主体建筑屋顶的电梯机房、楼梯出口间、水箱间、瞭望塔、排烟机房等不计入檐口高度。计算层数时，地下室不计入层数。

2. 知识点——安全文明施工措施项目的工作内容及范围

安全文明施工主要包括环境保护、文明施工、安全施工、临时设施等内容。

（1）环境保护

1）现场施工机械设备降噪声、防扰民措施；

2）水泥和其他易飞扬细颗粒建筑材料密闭存放或采取覆盖措施等；

3）工程防扬尘洒水；

4）土石方、建渣外运车辆保护措施等；

5）现场污染源的控制、生活垃圾清理外运、场地排水排污措施；

6）其他环境保护措施等。

（2）文明施工

1）“五牌一图”；

2）现场围挡的墙面美化（包括内外粉刷、刷白、标语等）、压顶装饰；

3）现场厕所便槽刷白、贴面砖，水泥砂浆地面或地砖，建筑物内临时便溺设施；

4）其他施工现场临时设施的装饰装修、美化措施；现场生活卫生设施；

5）符合卫生要求的饮水设备、淋浴、消毒灯设施；

6）生活用洁净燃料；防煤气中毒、防蚊虫叮咬等措施；

7）施工现场操作场地的硬化；

8）现场绿化、治安综合治理；

9）现场配备医药保健器材、物品费用和急救人员培训；

10）用于现场工人的防暑降温、电风扇、空调等设备及用电；

11）其他文明施工措施等。

（3）安全施工

1）安全资料、特殊作业专项方案的编制，安全施工标志的购置及安全宣传；

2）“三安”（安全帽、安全带、安全网）、“四口”（楼梯口、电梯井口、通道口、预留洞口）、“五临边”（阳台围边、楼板围边、屋面围边、槽坑围边、卸料平台两侧）、水平防护架、垂直防护架、外架封闭等防护措施；

3）施工安全用电，包括配电箱三级配电、两级保护装置要求、外电防护措施；

4）起重机、塔式起重机等起重设备（含井架、门架）及外用电梯的安全防护措施（含警示标志）及卸料平台的临边防护、层间安全门、防护棚等设施；

5）建筑工地起重机械的检验检测；施工机具防护棚及其围栏的安全保护设施；施工安全防护通道；

6）工人的安全防护用品、用具购置；

7）消防设施与消防器材的配置；

8）电气保护、安全照明设施；其他安全防护措施等。

（4）临时设施

1）施工现场采用彩色、定型钢板，砖、混凝土砌块等围挡的安砌、维修、拆除；

2）施工现场临时建筑物、构筑物的搭设、维修、拆除，如临时宿舍、办公室、食堂、厨房、厕所、诊疗所、临时文化福利用房、临时仓库、加工场、搅拌台、临时简易水塔、水池等；

3）施工现场临时设施的搭设、维修、拆除，如临时供水管道、临时供电管线、小型临时设施等；

4）施工现场规定范围内临时简易道路铺设，临时排水沟、排水设施安砌、维修、拆除；

5）其他临时设施的搭设、维修、拆除。

3．技能点——措施项目清单编制

措施项目清单编制

措施项目有可计量的措施项目（单价措施项目）和不可计量的措施项目（总价措施项目）之分。

编制招标工程量清单时，应按国家标准关于措施项目的有关规定，根据招标工程拟定的常规施工组织设计或施工方案，结合相关的施工技术规范，确定工程项目的具体措施项目。以单价计价的措施项目清单，应列出项目编码、项目名称、项目特征、计量单位、工程数量等；以总价计价的措施项目清单，根据拟建工程实际情况列出项目编码、项目名称，应明确其包含的内容、要求及计算方式等，如安全文明施工、夜间施工增加、二次搬运等。若出现国家标准中未列的措施项目，可根据工程实际情况予以补充。

4．知识点——措施项目费的计算方法

（1）安全文明施工、夜间施工增加、非夜间施工增加的照明、冬雨季施工增加等按照各地区计价文件相关规定，以计费基数乘以费率计算。

（2）二次搬运、已完工程及设备保护大多按照批准的施工组织设计或签证计算。

（3）脚手架搭拆、安装与生产的同时进行施工增加、在有害身体健康环境中施工增加、高层施工增加等措施项目费，通常按照各专业定额的相关规定执行，多以计费基数乘以综合系数计算。

（4）计费基数：按照各地区计价文件相关规定执行，可以“人工费”“人工费+机械费”“人工费+材料费+机械费”等作为计费基数。

（5）费率：可按照各地区计价文件相关规定执行，区分招标控制价和投标报价，根据工程特点、企业自身实力等自主确定。

5．知识与技能点——利用定额综合系数计算的费用及方法

利用定额综合系数计算的费用

在安装工程消耗量定额及各省区市的计价定额中，各册说明和章节说明内往往会存在着定额系数的规定，被称为综合系数和章节系

数。这就要求工程造价人员不仅能够准确计算出工程量、正确套用定额子目，更要熟读、熟悉定额说明内容，根据工程特点在套用定额子目时准确把握定额系数的使用，调整相应的安装工程费用（如人工费、材料费、机械费等）。综合系数相关规定如下。

（1）安装操作高度增加费：在安装工程预算定额中规定，安装操作基准面一般指室外地坪或室内各层楼地面地坪，安装操作高度指安装操作基准面至安装点的垂直高度，安装操作高度大多综合取定为6m以内。当工程实际超过规定时，需要计算安装操作高度增加费。按照系数法计算，系数详见各册定额说明。

1）电气设备安装工程：安装高度距离楼面或地面大于5m时，超过部分的工程量按定额人工费乘以系数1.1计算（已经考虑了超高因素的定额项目除外，如小区路灯、投光灯、氙气灯、烟囱或水塔指示灯、装饰灯具），电缆敷设工程、电压等级小于或等于10kV架空输电线路工程不执行本条规定。

2）建筑智能化安装工程：安装高度距离楼面或地面大于5m时，超过部分工程量按定额人工费乘以表4.1-1系数。

建筑智能化工程操作物高度系数　　表4.1-1

操作物高度（m）	≤10	≤30	≤50
系数	1.20	1.30	1.50

3）消防工程：定额操作高度，民用建筑为按3.6m以下编制；工业建筑按照6m以下编制，安装高度超过部分工程量按定额人工费乘以表4.1-2系数。

消防工程操作物高度系数　　表4.1-2

操作物高度（m）	≤10	≤30	≤50
系数	1.10	1.20	1.50

【例】某建筑层高6m，电气设备安装工程定额人工费为20000元，其中安装高度超过5m部分工程量的人工费为1000元，试计算该工程操作高度增加费。

【解】操作高度增加费=1000×1.1=1100（元）

（2）建筑超高（深）增加费：指在建筑物层数6层以上、建筑高度20m以上、地下深度10m以上的建筑在施工时，应计算建筑物超高（深）增加费。建筑物超高（深）增加费包括人工降效、使用机械（含仪器仪表、工具用具）降效、垂直运输等费用。建筑物超高（深）增加费，应以整个工程全部工程量（含地下、地上部分）为基数，按照系数法计算，系数详见各册定额说明。

电气设备安装工程、建筑智能化工程、消防工程系数：在建筑物层数大于6层或建筑物高度大于20m（指单层建筑物檐口高度）以上的工业与民用建筑物上安装时，按表4.1–3计算建筑物超高增加的费用，其费用中人工费占65%。

建筑物超高增加费系数　　表4.1–3

建筑物高度（m）	≤40	≤60	≤80	≤100	≤120	≤140	≤160	≤180	≤200
建筑层数（层）	≤12	≤18	≤24	≤30	≤36	≤42	≤48	≤54	≤60
按人工费的百分比（%）	2	5	9	14	20	26	32	38	44

突出主体建筑物顶的电梯机房、楼梯出口间、水箱间、瞭望塔、排烟机房等不计入檐口高度。计算层数时，地下室不计入层数。

【例】某建筑高度为8层，已计算出该电气设备安装工程定额人工费为20000元，试计算该工程的建筑物超高增加费。

【解】按照表4.1–3可知，该工程属于12层以下，费率取定为2%，则：

建筑物超高增加费=20000×2%=400（元）

（3）脚手架搭拆费：定额脚手架搭拆是根据施工组织设计、满足安装需要所采取的安装措施。脚手架搭拆除满足自身安全外，不包括工程项目安全、环保、文明等工作内容。脚手架搭拆综合考虑了不同的结构形式、材质、规模、占用时间等要素，除定额规定不计取脚手架搭拆费用者外，执行定额时不做调整。在同一个单位工程内有若干专业安装时，凡符合脚手架搭拆计算规定的，则应按照各册定额规定，分别计取脚手架搭拆费用。

电气设备安装工程：脚手架搭拆费按定额人工费（不包括电气设备安装工程定额“电气设备调试工程”中人工费，不包括装饰灯具安装工程中人工费）5%计算，其费用中人工费占35%。电压等级小于或等于10kV架空输电线路工程、直埋敷设电缆工程、路灯工程不单独计算脚手架费用。消防工程与此相同。

建筑智能化安装工程：脚手架搭拆费按单位工程人工费的4%计算，其中人工工资占25%。

【例】假设某电气设备安装工程人工费为10000元，试计算该工程的脚手架搭拆费。

【解】脚手架搭拆费=10000×5%=500（元）

其中，人工工资=500×35%=175（元）

（4）在地下室内（含地下车库）、暗室内、净高度小于1.6m楼层、断面小于4m^{2}大于2m^{2}隧道或洞内进行安装的工程，定额人工乘以系数1.12。

（5）在管井内、竖井内、断面小于或等于2m^{2}隧道或洞内、封闭吊顶天棚内进行安装的工程（竖井内敷设电缆项目除外），定额人工乘以系数1.16。

4.1.3 问题思考

一、单选题

1. 计算安装操作高度增加费时，在安装工程预算定额中规定，安装操作基准面一般是（　　）。

A. 正负零基准面　　B. 室外地坪或室内各层楼地面地坪

C. 操作物平台　　D. 首层

2. 当工程实际安装操作高度超过规定时，需要计算安装操作高度增加费，方法是按照（　　）计算。

A. 系数法　　B. 列表法　　C. 综合单价法　　D. 实物量法

3. 电气设备安装工程安装高度距离楼面或地面大于5m时，超过部分工程量按定额人工费乘以系数（　　）计算。

A. 1.0　　B. 1.1　　C. 1.2　　D. 1.5

4. 建筑智能化安装工程安装高度距离楼面或地面大于（　　）m时，超过部分工程量按定额人工费乘以系数。

A. 1.1　　B. 3.6　　C. 5　　D. 6

5. 建筑物超高（深）增加费，应以（　　）为基数，按照系数法计算。

A. 超过部分工程量　　B. 整个工程全部工程量

C. 分部分项工程工程量　　D. 人工费

6. 在同一个单位工程内有若干专业安装时，凡符合脚手架搭拆计算规定的，则应按照（　　）规定分别计取脚手架搭拆费用。

A. 各册定额　　B. 定额总说明　　C. 计算规范　　D. 计价规范

7. 电气设备安装工程，脚手架搭拆费按定额人工费的（　　）%计算，其费用中人工费占35%。

A. 1.1　　B. 3.6　　C. 5　　D. 6

8. 桥架安装时，钢制桥架主结构设计厚度大于3mm时，执行相应安装定额的人工、机械乘以系数（　　）。

A. 1.0　　B. 1.1　　C. 1.2　　D. 1.5

二、多选题

1. 建筑物超高（深）增加费包括（　　）等费用。

A．人工降效　　B．仪器仪表降效　C．工具用具降效

D．垂直运输　　E．劳动保护

2．电气设备安装工程、建筑智能化工程、消防工程在（　　）以上的工业与民用建筑物上进行安装时，计算建筑物超高增加的费用，其费用中人工费占65%。

A．建筑物层数大于6层　　B．建筑物檐口高度大于20m

C．建筑物层数大于5层　　D．建筑物檐口高度大于18m

E．建筑物檐口高度大于16m

3．脚手架搭拆除满足自身安全外，不包括工程项目（　　）等工作内容。

A．安全　　B．环保　　C．文明

D．搭设　　E．卫生

任务 4.2 其他项目清单编制与计价

4.2.1 学生任务单

<table>
<tr><td>任务名称</td><td colspan="3">其他项目清单编制与计价</td></tr>
<tr><td>学生姓名</td><td></td><td>班级学号</td><td></td></tr>
<tr><td>同组成员</td><td colspan="3"></td></tr>
<tr><td>任务角色</td><td colspan="3">□清单编制　　□投标报价</td></tr>
</table>

<table>
<tr><td rowspan="2">任务卡</td><td>任务内容</td><td>工程概况：经计算某综合楼综合布线安装工程分部分项工程费用合计为30001.25元，暂列金额为350元用于索赔和现场签证，视频专业工程暂估价为1.4万元（协助现场管理的总承包服务费按3%计取）。24口POE交换机为发包人提供材料，数量2台，暂估单价为600元/台，保管等服务的总承包服务费按照招标人提供材料设备价值的1%计取。计日工需要焊工2个工日，按350元/工日计算。管理费费率为8.5%，利润率为7.5%，以人工费和机械费之和作为取费基数。编制该综合楼建筑智能化安装工程其他项目清单计价</td></tr>
<tr><td>需提交成果</td><td>其他项目清单与计价表</td></tr>
<tr><td>计算过程</td><td colspan="2"></td></tr>
</table>

任务实施

续表

其他项目清单与计价汇总表

序号	项目名称	金额（元）	结算金额（元）	备注
1	暂列金额			
2	暂估价			
2.1	材料（工程设备）暂估价/结算价	—		
2.2	专业工程暂估价/结算价			
3	计日工			
4	总承包服务费			
5	索赔与现场签证	—		
合计				—

暂列金额明细表

序号	项目名称	计量单位	暂定金额（元）	备注
合计				

材料（工程设备）暂估单价及调整表

序号	材料（工程设备）名称、规格、型号	计量单位	数量		暂估（元）		确认（元）		差额±（元）		备注
			暂估	确认	单价	合价	单价	合价	单价	合价	
合计											

计日工表

编号	项目名称	单位	暂定数量	实际数量	综合单价（元）	合价（元）	
						暂定	实际
一	人工						
人工小计							

续表

任务实施								
	二	材料						
	材料小计							
	三	施工机械						
	施工机械小计							
	四、企业管理费和利润							
	总计							

总承包服务费计价表

序号	项目名称	项目价值（元）	服务内容	计算基础	费率（%）	金额（元）
	合计	—	—		—	

学习反思		
	遇到问题	
	解决方法	

过程评价							
	自我评价（5分）	课前学习	时间观念	实施方法	职业素养	成果质量	分值
	小组评价（5分）	任务承担	时间观念	团队合作	能力素养	成果质量	分值
	综合打分	自我评价分值+小组评价分值：					
	教师总评	签名：					

4.2.2 知识与技能

1. 知识点——暂列金额

暂列金额

暂列金额是招标人在工程量清单中暂定并包括在合同价款中的一笔款项，由招标人根据实际发生的情形支配。主要用于以下情形：

（1）用于工程合同签订时，尚未确定或者不可预见的所需材料、工程设备、服务的采购费用。

（2）施工中可能发生的工程变更费用。

（3）合同约定调整因素出现时的合同价款调整费用。

（4）发生的索赔、现场签证确认等的费用。

2. 知识点——暂估价

暂估价

暂估价是指发包人在招标工程量清单中提供的，用于支付在施工过程中必然发生，但在工程施工合同签订时暂不能确定价格的材料、工程设备的单价和专业工程金额，包括材料暂估价和专业工程暂估价，材料暂估价计入相应的分部分项工程综合单价中。

3. 技能点——其他项目清单编制方法

其他项目清单编制

其他项目清单载明了招标人提出的对拟安装的工程项目的一系列特殊要求，主要包括下列内容：暂列金额、暂估价（包括材料暂估价单价、工程设备暂估单价、专业工程暂估价）、计日工、总承包服务费。

（1）确定暂列金额，填写暂列金额明细表

暂列金额由招标人填写项目名称、计量单位、暂定金额，如不能详列，也可只列暂定金额总额，不同专业的暂列金额应分别列项，投标人应将上述暂列金额总额计入投标总价中。暂列金额的具体数额，招标人应根据工程特点及上述支配情形的可能性按有关计价规定估算。

（2）确定暂估价，填写材料（工程设备）暂估单价及调整表和专业工程暂估价及结算价表

材料（工程设备）暂估单价应由招标人根据工程造价信息或参照市场价格估算确定，列出明细表，并在备注栏中说明该暂估价的材料、工程设备拟用在哪些分部分项工程清单项目上，以便投标人投标报价时计入相应的综合单价中。材料包括原材料、燃料、构配件。

专业工程暂估价也由招标人按有关计价规定估算确定，应分不同专业列项。

（3）确定计日工项目、数量，填写计日工表

计日工是在施工过程中，承包人完成发包人提出的工程合同范围以外的零星项目

或工作，按合同中约定的单价计价的一种方式。招标工程量清单中，由招标人根据经验确定完成工程零星项目或工作所需要消耗的人工、材料、机械台班计量，填写相应的项目名称、计量单位、暂定数量，尽量列全所需项目以免发生纠纷。

（4）确定总承包服务费计费基础，填写总承包服务费计价表

计日工和总承包服务费

总承包服务费是总承包人为配合协调发包人进行的专业工程发包，对发包人自行采购的材料、工程设备等进行保管以及施工现场管理、竣工资料汇总整理等服务所需的费用。招标人应预计该项费用，并按投标人的投标报价向投标人支付该项费用。

在招标工程量清单中，由招标人填写总承包服务费的项目名称、项目价值、服务内容。发包人提供材料的项目价值是指发包人提供的所有材料的金额之和，从发包人提供材料和工程设备一览表中可以计算出来。

（5）汇总填写其他项目清单与计价汇总表

将上述各项费用的合计数据填写到其他项目清单与计价汇总表中，其中，材料（工程设备）暂估单价计入分部分项工程清单项目综合单价，不计入其他项目费中。

不难发现，暂列金额和暂估价招标人明确提出了具体金额；计日工和总承包服务费招标人只提出了项目名称、计量单位、暂定数量等计算基础，由投标人具体投标报价。

4. 知识点——其他项目费的计算规定

其他项目费计算

（1）招标控制价编制

1）暂列金额：与招标工程量清单中的暂列金额一致，招标人应根据工程特点等按有关计价规定估算暂列金额的具体数额。

2）暂估价：与招标工程量清单中的暂估价一致，材料（工程设备）暂估单价应由招标人根据工程造价信息或参照市场价格估算确定，专业工程暂估价也由招标人按有关计价规定估算确定。

3）计日工：招标人根据工程造价信息或参照市场价格确定单价。

4）总承包服务费：招标人根据提供服务所需要的实际情况计算，通常情况下，要求总承包人对分包的专业工程进行管理和协调的，可按照分包的专业工程造价的1.5%左右进行计算；要求总承包人对分包的专业工程进行管理和协调，并要求配合施工现场管理、竣工资料汇总整理等服务的，可按照分包的专业工程造价的3%～5%进行计算；招标人自行采购材料、工程设备，需要进行保管等服务的，可按照招标人提供材料设备价值的1%进行计算。

（2）投标报价编制

1）暂列金额：与招标工程量清单中的暂列金额一致，投标人不得变动和更改。

2）暂估价：与招标工程量清单中的暂估价一致，投标人不得变动和更改。其中，材料（工程设备）暂估单价计入备注中注明的分部分项工程量清单综合单价中。

3）计日工：投标人根据招标人在其他项目清单中提供的计工日项目和数量，按照工程造价信息或参照市场价格自主确定单价计算。

4）总承包服务费：投标人根据招标人列出的总承包服务费项目价值、服务内容等，根据企业自身管理经验能力自主确定费率，计算相关费用。费率也可参考招标控制价编制中总承包服务费的有关规定。

4.2.3 问题思考

一、单选题

1. 关于暂列金额，下列说法中正确的是（　　）。

A. 用于必然要发生但暂时不能确定价格的项目

B. 由承包人支配，按签证价格结算

C. 不能用于因工程变更而发生的索赔支付

D. 不同专业预留的暂列金额应分别列项

2. 关于工程量清单中的计日工，下列说法中正确的是（　　）。

A. 指零星工作所消耗的人工工时

B. 在投标时计入总价，其数量和单价由投标人填报

C. 应按投标文件载明的数量和单价进行结算

D. 在编制招标工程量清单时，暂定数量由招标人填写

3. 根据现行建筑安装工程费用项目组成规定，下列费用项目中，属于安全文明施工费的是（　　）。

A. 夜间施工时，临时可移动照明灯具的设置、拆除费用

B. 工人的安全防护用品的购置费用

C. 地下室施工时所采用的照明设施拆除费

D. 建筑物的临时保护设施费

二、多选题

1. 依据《通用安装工程工程量计算规范》GB 50856，措施项目清单中，属于专业措施项目的有（　　）。

A. 二次搬运　　B. 平台铺设、拆除

C. 焊接工艺评定　　D. 防护棚制作、安装、拆除

E. 冬雨期施工

2. 依据《通用安装工程工程量计算规范》GB 50856，措施项目清单中，关于高层施工增加费的规定，正确的表述有（　　）。

A. 单层建筑物檐口高度超过20m时，应分别列项

B. 多层建筑物超过8层时，应分别列项

C．突出主体建筑物顶的电梯机房、水箱间、排烟机房等不计入檐口高度

D．计算层数时，地下室不计入层数

E．计算层数时，地下室计入层数

3．依据《通用安装工程工程量计算规范》GB 50856，其他项目清单中的暂列金额包括（　　）。

A．工程合同签订时尚未确定或者不可预见的所需材料、工程设备、服务的采购等费用

B．施工过程中出现质量问题或事故的处理费用

C．施工中可能发生工程变更所需费用

D．合同约定调整因素出现时的合同价款调整及发生的索赔、现场签证确认等费用

E．招投标时不能确定具体金额的甲供材料设备

4．依据《通用安装工程工程量计算规范》GB 50856，脚手架搭拆措施项目包括的工作内容有（　　）。

A．场内、场外相关材料搬运　　B．搭设、拆除脚手架

C．搭设、超出围护网　　D．拆除脚手架后材料的堆放

E．安全、文明施工

5．依据《通用安装工程工程量计算规范》GB 50856，临时设施属于安全文明施工及其他措施项目，其项目内容包括（　　）。

A．施工现场砖、混凝土砌块等围挡的安砌、维修、拆除

B．地下（暗）室等部位施工时所用照明设备的安拆、维护

C．已完成工程及设备的覆盖、包裹、封闭、隔离等保护措施

D．其他临时设施的搭设、维护、拆除

E．搭设、拆除脚手架

6．根据《建设工程工程量清单计价规范》GB 50500的规定，安装工程量清单中的其他项目清单除包括暂估价外，一般还有（　　）。

A．暂列金额　　B．计日工　　C．分包服务费

D．总承包服务费　　E．增值税

7．依据《通用安装工程工程量计算规范》GB 50856，下列项目中属于安全文明施工及其他措施项目的有（　　）。

A．夜间施工增加　　B．冬雨期施工增加

C．高层施工增加　　D．特殊地区施工增加

E．搭设、拆除脚手架　　F．已完工程及设备保护

G．有害化合物防护　　H．高浓度氧气防护

I．高层施工增加

4.2.4 拓展知识

资源名称	措施项目清单与计价参考答案	其他项目清单与计价参考答案
资源类型	文档	文档
资源 二维码		

项目 5

安装工程造价文件编制实训

【教学载体】各地建筑安装工程计价程序文件。

【教学目标】

知识目标	能力目标	素养目标
1. 了解施工图预算的含义、作用、编制依据； 2. 熟悉施工图预算的编制程序，招标控制价与投标报价的异同； 3. 掌握工料单价法编制施工图预算、工程量清单计价流程	1. 能够依据施工图预算编制依据，编制建筑电气与智能化安装工程施工图预算； 2. 能够依据专业知识，独立编制建筑电气与智能化安装工程工程量清单计价	1. 具备团队合作精神； 2. 一丝不苟，精益求精

微分享：某电视剧中有一句经典台词——造价表就是造价表，造价师的职责就是保证造价表的干净，造价表的干净就是工程的干净。同学们应当牢记：造价表不是关系表，造价就是造价，要靠精湛的技术、一丝不苟的精神算好每一个数据，否则会一错再错。

【思维导图】

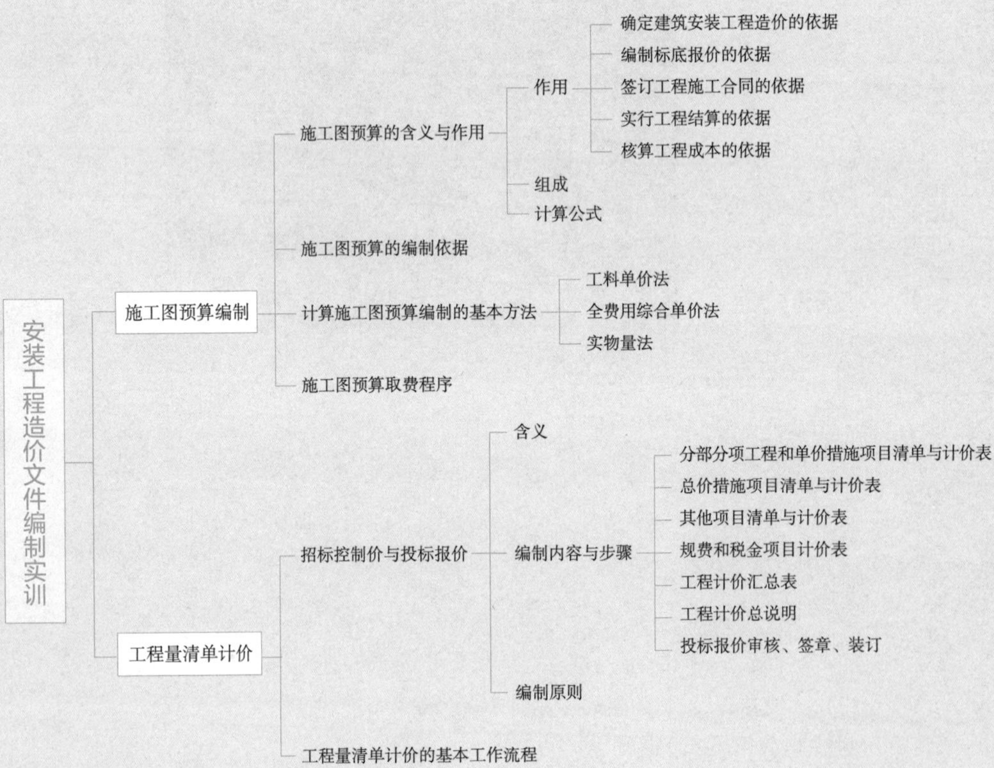

任务 5.1 施工图预算编制

5.1.1 学生任务单

任务名称	施工图预算编制		
学生姓名		班级学号	
同组成员			
任务角色	□编制人员　　□复核人员		

<table>
<tr><td rowspan="2">任务卡</td><td>任务内容</td><td colspan="6">依据国家标准、地区定额等计价依据，结合学习的专业知识，编制本项目5.2.4拓展知识中的实训图纸（或当地典型工程项目）的建筑电气与智能化安装工程施工图预算。（可根据实际使用常见的计量与计价软件）</td></tr>
<tr><td>需提交成果</td><td colspan="6">施工图预算书</td></tr>
<tr><td rowspan="2">任务准备</td><td>编制依据</td><td colspan="6"></td></tr>
<tr><td>编制方法</td><td colspan="6">□手工　　□软件</td></tr>
<tr><td rowspan="2">学习反思</td><td>遇到问题</td><td colspan="6"></td></tr>
<tr><td>解决方法</td><td colspan="6"></td></tr>
<tr><td rowspan="6">过程评价</td><td rowspan="2">自我评价（5分）</td><td>课前学习</td><td>时间观念</td><td>实施方法</td><td>职业素养</td><td>成果质量</td><td>分值</td></tr>
<tr><td></td><td></td><td></td><td></td><td></td><td></td></tr>
<tr><td rowspan="2">小组评价（5分）</td><td>任务承担</td><td>时间观念</td><td>团队合作</td><td>能力素养</td><td>成果质量</td><td>分值</td></tr>
<tr><td></td><td></td><td></td><td></td><td></td><td></td></tr>
<tr><td>综合打分</td><td colspan="6">自我评价分值+小组评价分值：</td></tr>
<tr><td>教师总评</td><td colspan="6">签名：</td></tr>
</table>

任务实施

续表

施工图预算书										
定额编码	项目名称	定额单位	工程量	单价（元）				合价（元）		
				基价	人工费	材料费	机械费	合计	人工费	机械费

单位工程投标报价汇总表

序号	费用项目	金额（元）	其中：暂估价（元）
1	预算定额分部分项工程费、技术措施费合计		
1.1	其中人工费+机械费		
2	一般措施项目费（不含安全施工措施费）		
3	其他措施项目费		
4	其他项目费		
5	预算定额分部分项工程费、措施项目费（不含安全施工措施费）、其他项目费合计		
5.1	其中：企业管理费		
5.2	其中：利润		
6	规费		
7	安全施工措施费		
8	税费前工程造价合计		
9	税金		
10	工程造价		

5.1.2 知识与技能

1. 知识点——施工图预算的含义与作用

根据《建设项目施工图预算编审规程》CECA/GC 5—2010的相关规定，建筑电气安装工程施工图预算属于单位工程预算的范畴，是在单位工程施工前依据建筑电气安装工程施工图设计文件、现行预算定额以及人工、材料和施工机械台班价格等，按照规定的计价方法编制的工程造价文件，预先计算和确定单位工程的全部建筑安装工程费用，将成果文件称作施工图预算书。施工图预算是确定建筑安装工程造价、编制标底报价、签订工程施工合同、实行工程结算、核算工程成本等的依据。

施工图预算由建设项目总预算、单项工程综合预算和单位工程预算组成，各自由下一级预算汇总而成，可以是设计阶段的计价文件，也可以是招标投标阶段或者施工阶段的计价文件。

建设项目总预算包括建筑安装工程费、设备及工器具购置费、工程建设其他费、预备费、建设期利息及铺底流动资金。

单位工程预算的计算公式为：

单位工程施工图预算=建筑安装工程费+设备及工器具购置费（5.1–1）

单项工程综合预算的计算公式为：

单项工程施工图预算=Σ单位工程建筑安装工程费+Σ单位工程设备及工器具购置费（5.1–2）

建设项目总预算的计算公式为：

总预算=Σ单项工程施工图预算+工程建设其他费+预备费+建设期利息+铺底流动资金
=Σ单位工程建筑安装工程费+Σ单位工程设备及工器具购置费+工程建设其他费+预备费+建设期利息+铺底流动资金（5.1–3）

2. 知识点——施工图预算的编制依据

（1）国家、行业、地方政府发布的计价依据、有关法律法规或规定；

（2）工程造价管理机构发布的预算定额；

（3）施工设计图纸及相关标准图集和规范；

（4）施工组织设计和施工技术方案；

（5）工程项目相关的文件、合同等。

3. 知识点——计算施工图预算编制的基本方法

单价法是编制设计阶段施工图预算的主要方法，可以细分为工料单价法和全费用综合单价法，主要区别见表5.1–1。

工料单价法与全费用综合单价法比较　　表5.1-1

项目	工料单价法	全费用综合单价法	实物量法
计算公式	建筑安装工程预算造价=Σ（子目工程量×子目工料单价）+企业管理费+利润+规费+税金 其中，子目工料单价=定额基价	建筑安装工程预算造价=Σ（子目工程量×子目综合单价）+措施项目费	建筑安装工程预算造价=Σ（子目工程量×子目人材机等要素消耗量×子目人材机等要素实际单价）+企业管理费+利润+规费+税金
编制步骤	（1）准备工作 1）收集编制依据，熟悉施工图纸； 2）熟悉施工组织设计、施工方案及施工现场情况。 （2）列项并计算工程量 1）根据工程内容和定额子目顺序列出需计算工程量的分部分项工程项目； 2）依据计算规则和施工图纸，列式计算工程量。 （3）套用工料单价（定额基价），计算人材机费用。 （4）计算措施项目人材机费。 （5）编制工料分析表，计算出单位工程人工、材料消耗量。 （6）计算主材费，调整直接费。 直接费=分部分项工程人材机费+措施项目人材机费 （7）按取费程序计算其他费用及工程造价。 （8）对预算书进行校核、复核及审核。 （9）编写预算编制说明	（1）计算分部分项工程量。 （2）计算综合单价。 （3）计算分部分项工程费。 分部分项工程费=Σ（子目工程量×子目综合单价） （4）计算可计量措施项目费。 （5）计算综合计取的措施项目费。 （6）汇总工程造价	（1）依据施工图纸和预算定额子目划分及其工程量计算规则，计算分部分项工程量。 （2）套用预算定额（消耗量定额），计算人材机等要素消耗量。 （3）根据人材机等要素实际价格计算直接费。 （4）根据各项费率汇总形成工程造价

4．知识点——施工图预算取费程序

施工图预算工程费用取费程序见表5.1-2。

工程费用取费程序表　　表5.1-2

序号	费用项目	计算方法
1	预算定额分部分项工程费、技术措施费合计	工程量×定额综合单价+主材费
1.1	其中人工费+机械费	
2	一般措施项目费（不含安全施工措施费）	1.1×费率、按规定，或施工组织设计和签证

续表

序号	费用项目	计算方法
3	其他措施项目费	1.1×费率、按规定，或施工组织设计和签证
4	其他项目费	
5	预算定额分部分项工程费、措施项目费（不含安全施工措施费）、其他项目费合计	1+2+3+4
5.1	其中：企业管理费	1.1×费率
5.2	其中：利润	1.1×费率
6	规费	1.1×费率及各市规定
7	安全施工措施费	（5+6）×费率
8	税费前工程造价合计	5+6+7
9	税金	8×规定费率
10	工程造价	8+9

5．技能点——施工图预算编制示例

某综合楼综合布线与网络工程施工图预算文件编制见表5.1–3。

单位工程概预算表（主材单列） 表5.1–3

定额编号	定额项目名称	定额单位	数量	单价（元）				合价（元）		
				人工费	材料费	机械费	综合费用	合价	人工费	机械费
5–87	交换机安装、调试，固定配置，≤24口	台	1	84.68	614.92	9.47	15.06	94.15	84.68	9.47
5–131	安装机柜、机架落地式	台	1	132.87	910.29	0.12	21.27	132.99	132.87	0.12
5–134	安装抗震底座	台	1	146.26	450.06	0	23.4	146.26	146.26	0
5–154	双绞线缆，线槽内布放，≤4对	10m	0.1	11.15	30.01	0.27	1.83	1.15	1.12	0.03
5–153	双绞线缆，管内穿放，≤4对	10m	0.1	12.45	30.01	0.27	2.03	1.28	1.25	0.03
5–156	光缆，管内穿放，≤12芯	10m	0.1	17.6	81.74	0.21	2.85	1.78	1.76	0.02

续表

定额编号	定额项目名称	定额单位	数量	单价（元）				合价（元）		
				人工费	材料费	机械费	综合费用	合价	人工费	机械费
5-172	安装光纤跳线	条	1	9.36	17.28	0	1.5	9.36	9.36	0
5-170	安装双绞线跳线	条	1	4.72	5.71	0	0.75	4.72	4.72	0
5-183	配线架，24口	架	1	129.57	190	0	20.73	129.57	129.57	0
5-193	安装信息插座底盒（接线盒），砖墙内	个	1	7.64	3.35	0	1.22	7.64	7.64	0
5-197	安装8位模块式信息插座，单口	个	1	3.31	5.45	0	0.53	3.31	3.31	0
5-205	光纤连接，熔接法，单模	芯	1	7.73	6.63	10.86	2.97	18.59	7.73	10.86
5-209	安装光缆终端盒，≤12芯	个	1	47.08	232.22	2.15	7.87	49.23	47.08	2.15
5-215	布放尾纤，终端盒至光纤配线架	条	1	20.6	11.09	0.54	3.39	21.14	20.6	0.54
5-218	线管理器 1U	个	1	9.36	43.87	0	1.5	9.36	9.36	0
5-220	测试，4对双绞线缆	链路	1	3.09	0.09	3.6	1.07	6.69	3.09	3.6
5-222	光纤测试	链路	1	5.15	0.09	8.05	2.11	13.2	5.15	8.05
5-223	系统调试，≤400点	系统	1	1545	0	213.47	281.36	1758.47	1545	213.47
5-225	试运行	系统	1	4635	0	640.78	844.12	5275.78	4635	640.78
4-1362	镀锌钢管敷设，砖、混凝土结构暗配公称直径≤*DN*20	10m	0.1	54.05	97.16	0	8.64	5.41	5.41	0
4-1522	金属线槽敷设，宽+高≤600mm	10m	0.1	242.93	916.44	0	38.87	24.29	24.29	0
合计								7714.37	6825.25	889.12

5.1.3 问题思考

一、单选题

1．关于施工图预算的含义，下列说法中正确的是（　　）。

A．是设计阶段对工程建设所需资金的粗略计算

B．其成果文件一般不属于设计文件的组成部分

C．可以由施工企业根据企业定额考虑自身实力计算

D．其价格性质为预期，不具有市场性质

2．实物量法与定额单价法编制施工图预算，编制步骤的主要差别在于（　　）。

A．列项　　B．计算工程量

C．计算工料机费用　　D．计算利润与管理费

3．用全费用综合单价法编制施工图预算，下列建筑安装工程施工图预算费计算公式中正确的是（　　）。

A．Σ（子目工程量×子目工料单价）+企业管理费+利润+规费+税金

B．Σ（分部分项工程量×分部分项工程全费用综合单价）

C．分部分项工程费+措施项目费

D．分部分项工程费+措施项目费+其他项目费+规费+税金

4．工料单价法编制施工图预算的工作有：①计算主材费；②套用工料单价；③计算措施项目人材机费用；④划分工程项目和计算工程量；⑤进行工料分析。下列工作排序正确的是（　　）。

A．④②⑤①③　　B．④⑤①②③　　C．②④⑤①③　　D．④②③⑤①

5．关于施工图预算的编制方法，下列说法中正确的是（　　）。

A．定额单价法编制施工图预算具有准确性高、市场适应性强的特点

B．实物量法编制施工图预算具有计算简单、工作量较小的特点

C．定额单价法的预算造价由分项工程量乘以分项工程工料单价汇总组成

D．实物量法需对单位工程所需各类人工、材料、机械台班消耗量进行汇总

6．采用实物量法编制施工图预算时，在按人工、材料、机械台班的市场价计算人、材、机费用之和，下一个步骤是（　　）。

A．进行工料分析　　B．计算管理费、利润等费用

C．计算工程量　　D．编写编制说明

7．采用全费用综合单价法编制施工图预算，下列说法中正确的是（　　）。

A．计算直接费后应编制工料分析表

B．全费用综合单价中应包括规费和税金

C．编制综合单价分析表时，工料机消耗量与单价均应来自预算定额

D．分部分项工程费与措施项目费之和，即为建筑安装工程施工图预算费用

二、多选题

1．施工图预算的作用包括（　　）。

A．确定建筑安装工程造价的依据　　B．编制标底报价的依据

C．签订工程施工合同的依据　　D．实行工程结算的依据

E．核算工程成本的依据

2．施工图预算的编制依据主要有（　　）。

A．国家、行业、地方政府发布的计价依据、有关法律法规或规定

B．工程造价管理机构发布的预算定额

C．施工设计图纸及相关标准图集和规范

D．施工组织设计和施工技术方案

E．工程项目相关的文件、合同等

5.1.4 拓展知识

资源名称	安装工程预算定额的基本规定	变配电所照明工程器具设备软件计量讲解	变配电所照明工程配管配线软件计量讲解
资源类型	视频	视频	视频
资源二维码			

任务 5.2 工程量清单计价

5.2.1 学生任务单

任务名称	工程量清单计价		
学生姓名		班级学号	
同组成员			
任务角色	□编制人员 □复核人员		

<table>
<tr><td rowspan="2">任务卡</td><td>任务内容</td><td colspan="6">依据国家标准、地区定额等计价依据，结合学习的专业知识，编制本项目5.2.4拓展知识中的实训图纸教学载体提供（或当地典型工程项目）的建筑电气与智能化安装工程工程量清单投标报价（可根据实际使用常见的计量与计价软件）</td></tr>
<tr><td>需提交成果</td><td colspan="6">投标报价文件</td></tr>
<tr><td rowspan="2">任务准备</td><td>编制依据</td><td colspan="6"></td></tr>
<tr><td>编制方法</td><td colspan="6">□手工 □软件</td></tr>
<tr><td rowspan="2">学习反思</td><td>遇到问题</td><td colspan="6"></td></tr>
<tr><td>解决方法</td><td colspan="6"></td></tr>
<tr><td rowspan="6">过程评价</td><td rowspan="2">自我评价（5分）</td><td>课前学习</td><td>时间观念</td><td>实施方法</td><td>职业素养</td><td>成果质量</td><td>分值</td></tr>
<tr><td></td><td></td><td></td><td></td><td></td><td></td></tr>
<tr><td rowspan="2">小组评价（5分）</td><td>任务承担</td><td>时间观念</td><td>团队合作</td><td>能力素养</td><td>成果质量</td><td>分值</td></tr>
<tr><td></td><td></td><td></td><td></td><td></td><td></td></tr>
<tr><td>综合打分</td><td colspan="6">自我评价分值+小组评价分值：</td></tr>
<tr><td>教师总评</td><td colspan="6">签名：</td></tr>
</table>

任务实施

续表

<table>
<tr><th colspan="12">工程量清单综合单价分析表</th></tr>
<tr><td>项目编码</td><td></td><td colspan="2">项目名称</td><td colspan="4"></td><td>计量单位</td><td></td><td>工程量</td><td></td></tr>
<tr><td colspan="12">清单综合单价组成明细</td></tr>
<tr><td rowspan="2">定额编号</td><td rowspan="2">定额名称</td><td rowspan="2">定额单位</td><td rowspan="2">数量</td><td colspan="4">单价（元）</td><td colspan="4">合价（元）</td></tr>
<tr><td>人工费</td><td>材料费</td><td>机械费</td><td>管理费和利润</td><td>人工费</td><td>材料费</td><td>机械费</td><td>管理费和利润</td></tr>
<tr><td></td><td></td><td></td><td></td><td></td><td></td><td></td><td></td><td></td><td></td><td></td><td></td></tr>
<tr><td></td><td></td><td></td><td></td><td></td><td></td><td></td><td></td><td></td><td></td><td></td><td></td></tr>
<tr><td colspan="2">人工单价</td><td colspan="6">小计</td><td></td><td></td><td></td><td></td></tr>
<tr><td colspan="2">元/工日</td><td colspan="6">未计价材料费</td><td colspan="4"></td></tr>
<tr><td colspan="8">清单项目综合单价</td><td colspan="4"></td></tr>
<tr><td rowspan="6">材料费明细</td><td colspan="5">主要材料名称、规格、型号</td><td>单位</td><td>数量</td><td>单价（元）</td><td>合价（元）</td><td>暂估单价（元）</td><td>暂估合价（元）</td></tr>
<tr><td colspan="5"></td><td></td><td></td><td></td><td></td><td></td><td></td></tr>
<tr><td colspan="5"></td><td></td><td></td><td></td><td></td><td></td><td></td></tr>
<tr><td colspan="5"></td><td></td><td></td><td></td><td></td><td></td><td></td></tr>
<tr><td colspan="7">其他材料费</td><td>—</td><td></td><td>—</td><td></td></tr>
<tr><td colspan="7">材料费小计</td><td>—</td><td></td><td>—</td><td></td></tr>
</table>

<table>
<tr><th colspan="8">分部分项工程和单价措施项目清单与计价表</th></tr>
<tr><td rowspan="2">序号</td><td rowspan="2">项目编码</td><td rowspan="2">项目名称</td><td rowspan="2">项目特征描述</td><td rowspan="2">计量单位</td><td rowspan="2">工程量</td><td colspan="2">金额（元）</td></tr>
<tr><td>综合单价</td><td>合价</td></tr>
<tr><td></td><td></td><td></td><td></td><td></td><td></td><td></td><td></td></tr>
<tr><td></td><td></td><td></td><td></td><td></td><td></td><td></td><td></td></tr>
</table>

续表

任务实施

分部分项工程和单价措施项目清单与计价表							
序号	项目编码	项目名称	项目特征描述	计量单位	工程量	金额（元）	
						综合单价	合价
小计							

单位工程投标报价汇总表

序号	费用项目	金额（元）	其中：暂估价（元）
1	预算定额分部分项工程费、技术措施费合计		
1.1	其中人工费+机械费		
2	一般措施项目费（不含安全施工措施费）		
3	其他措施项目费		
4	其他项目费		
5	预算定额分部分项工程费、措施项目费（不含安全施工措施费）、其他项目费合计		
5.1	其中：企业管理费		
5.2	其中：利润		
6	规费		
7	安全施工措施费		
8	税费前工程造价合计		
9	税金		
10	工程造价		

5.2.2 知识与技能

1. 知识点——招标控制价与投标报价常识

招标控制价与投标报价活动见表5.2-1。

招标控制价与投标报价

招标控制价与投标报价比较　　表5.2-1

计价活动	招标控制价	投标报价
含义	招标人根据国家或省级、行业建设主管部门颁发的有关计价依据和办法，以及拟定的招标文件和招标工程量清单，结合工程具体情况编制的招标工程的最高投标限价	投标人投标时响应对招标文件要求，所报出的对已标价工程量清单汇总后标明的总价
编制内容与步骤	（1）分部分项工程和单价措施项目清单与计价表的编制。 （2）总价措施项目清单与计价表的编制。 （3）其他项目清单与计价表的编制。 （4）规费和税金项目计价表的编制。 （5）工程计价汇总表的编制。 （6）工程计价总说明的编制。 （7）投标报价审核、签章、装订	
编制原则	（1）使用地区或行业发布的预算定额、费用标准等计价依据文件。 （2）材料价格应采用当地工程造价管理机构发布的信息价格，不在发布范围的材料价格，通过市场调查询价确定；对于未采用工程造价信息价的，需在招标文件或答疑文件中予以说明。 （3）施工机械设备选型符合工程项目特点和施工条件要求。 （4）按照常规施工组织设计或施工方案确定措施项目及费用。 （5）综合取费项目的费率需按照当地计价依据规定的招标控制价基础费率执行，不可竞争性费用依规确定	（1）使用企业定额和市场价格信息，自主确定投标报价。 （2）投标报价不能低于工程成本价。 （3）按照符合企业自身特点和实际的施工组织设计或施工方案确定措施项目及费用。 （4）综合考虑投标策略及工程发承包模式等，确定各项费用

2. 知识点——工程量清单计价的基本工作流程

工程量清单计价的基本工作流程如图5.2-1所示。

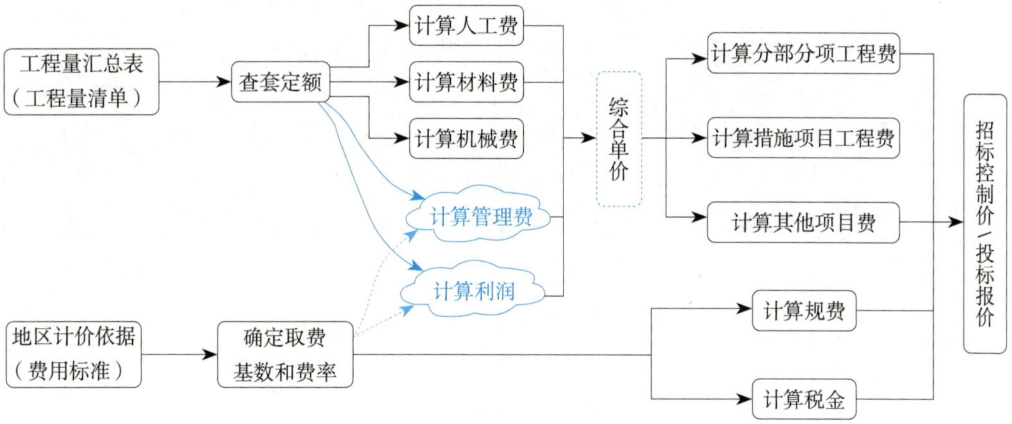

图5.2-1　工程量清单计价基本流程

3. 技能点——工程量清单计价（投标报价）示例

某综合楼综合布线与网络工程工程量清单投标报价文件编制见表5.2-2～表5.2-14。

单位工程投标报价汇总表　　表5.2-2

工程名称：建筑智能化安装工程清单计价　　标段：　　第1页 共1页

序号	汇总内容	金额（元）	其中：暂估价（元）
1	分部分项工程费	30505.97	1200
1.1	建筑智能化工程	16498.53	1200
1.2	电气设备安装工程	14007.44	—
2	措施项目费	778.58	—
2.1	其中：文明施工与环境保护费	81.23	—
3	其他项目费	15482	—
4	规费	—	—
5	安全施工措施费	799.71	—
6	实名制管理费用	—	—
7	税前工程造价合计	47566.26	
8	人工费动态调整	—	—
9	税金	4280.96	—
合计		51847.22	1200

注：本表适用于单位工程招标控制价或投标报价的汇总，如无单位工程划分，单项工程也使用本表汇总。

分部分项工程和单价措施项目清单与计价表　　表5.2-3

序号	项目编码	项目名称	项目特征描述	计量单位	工程量	金额（元）		
						综合单价	合价	其中 人工费+机械费
	C.5	建筑智能化工程					16498.53	8925.11
1	030501012001	交换机	（1）名称：24口POE交换机 （2）层数：二层	台	2	724.13	1448.26	188.3
2	030502001001	弱电机柜	（1）名称：19英寸标准机柜 （2）规格：600mm ×2000mm ×600mm	台	1	1064.55	1064.55	132.99
3	30502002001	抗震底座	（1）名称：机柜安装基础 （2）规格：600mm×600mm×250mm	个	1	619.72	619.72	146.26
4	030502005001	双绞线缆	（1）名称：6类4对双绞线缆 （2）线缆对数：4对	m	194.82	4.34	845.52	224.04
5	030502005002	双绞线缆	（1）名称：6类4对双绞线缆 （2）线缆对数：4对	m	54.9	4.49	246.5	70.28
6	030502006009	大对数线缆	大对数线缆，桥架内布放，≤25对	10m	5.575	205.67	1146.61	59.71
7	030502007001	光缆	（1）名称：室内多模光缆 （2）敷设方式：电缆桥架内布放	m	56.71	10.23	580.14	100.94
8	030502009001	跳线	（1）名称：光纤跳线 （2）规格：3m	条	5	28.14	140.7	46.8
9	030502009014	跳线	（1）名称：双绞线跳线 （2）规格：6类RJ45，2m	条	7	11.18	78.26	33.04
10	030502010001	配线架	（1）名称：非屏蔽6类RJ45型配线架 （2）容量：24口	个	3	226.87	680.61	259.14
11	030502011002	安装跳线架打接	安装跳线架打接，100对	架	1	146.91	146.91	115.15
12	030502012001	信息插座底盒	（1）名称：信息插座底盒 （2）安装方式：砖墙内	个	7	12.8	89.6	53.48

续表

序号	项目编码	项目名称	项目特征描述	计量单位	工程量	金额（元）		
						综合单价	合价	其中
								人工费+机械费
13	030502012002	信息插座	（1）名称：单孔信息插座 （2）规格：86mm × 86mm	个	5	9.29	46.45	16.55
14	030501013016	无线设备	无线设备，室内全向	套	2	35.85	71.7	61.8
15	030502014001	光纤连接	方法：熔接	芯	6	28.19	169.14	111.54
16	030502015001	光缆终端盒	名称：24口光纤配线架	个	1	289.32	289.32	49.23
17	030502016001	布放尾纤	（1）名称：1m 6芯多模LC尾纤（0.9mm，9/125，LSZH） （2）安装方式：终端盒至光纤配线架	根	6	35.62	213.72	126.84
18	030502017001	线管理器	（1）名称：金属理线器（铝合金型材，12位），70mm （2）规格：70mm	个	8	54.73	437.84	74.88
19	030502019001	双绞线测试	测试类别：4对双绞线测试	链路	1	7.85	7.85	6.69
20	030502020002	光纤测试	光纤测试	链路	1	15.4	15.4	13.2
21	030502021004	系统调试，≤400点	系统调试，≤400点	系统	1	2039.83	2039.83	1758.47
22	030502021003	试运行	试运行	系统	1	6119.9	6119.9	5275.78
	C.4		电气设备安装工程				14007.44	3573.51
1	030411001001	配管	（1）名称：电线管 （2）规格：MT20	m	51.76	16	828.16	280.02
2	030408004002	钢制槽式桥架	钢制槽式桥架安装，宽+高≤400mm	10m	5.39	850.31	4583.17	1317.69
3	030408004072	钢制槽式桥架	钢制槽式桥架安装，宽+高≤400mm	10m	7.521	1075.84	8091.39	1838.66

续表

<table>
<tr><th rowspan="3">序号</th><th rowspan="3">项目编码</th><th rowspan="3">项目名称</th><th rowspan="3">项目特征描述</th><th rowspan="3">计量单位</th><th rowspan="3">工程量</th><th colspan="3">金额（元）</th></tr>
<tr><th rowspan="2">综合单价</th><th rowspan="2">合价</th><th>其中</th></tr>
<tr><th>人工费+机械费</th></tr>
<tr><td>4</td><td>030509001005</td><td>建筑智能化工程脚手架搭拆费</td><td>建筑智能化工程，脚手架搭拆费</td><td>项</td><td>1</td><td>331.02</td><td>331.02</td><td>79.57</td></tr>
<tr><td>5</td><td>030417001005</td><td>电气设备安装工程 措施项目脚手架搭拆费</td><td>电气设备安装工程，措施项目，脚手架搭拆费</td><td>项</td><td>1</td><td>173.7</td><td>173.7</td><td>57.57</td></tr>
<tr><td colspan="7">合计</td><td>30505.97</td><td>12498.62</td></tr>
</table>

综合单价分析表（交换机） 表5.2-4

<table>
<tr><td colspan="2">项目编码</td><td colspan="2">030501012001</td><td colspan="2">项目名称</td><td colspan="2">交换机</td><td>计量单位</td><td>台</td><td>工程量</td><td>2</td></tr>
<tr><td colspan="12">清单综合单价组成明细</td></tr>
<tr><td rowspan="2">定额编号</td><td rowspan="2">定额项目名称</td><td rowspan="2">定额单位</td><td rowspan="2">数量</td><td colspan="4">单价（元）</td><td colspan="4">合价（元）</td></tr>
<tr><td>人工费</td><td>材料费</td><td>机械费</td><td>管理费和利润</td><td>人工费</td><td>材料费</td><td>机械费</td><td>管理费和利润</td></tr>
<tr><td>5-87</td><td>交换机安装、调试，固定配置 ≤24口</td><td>台</td><td>1</td><td>84.68</td><td>614.92</td><td>9.47</td><td>15.06</td><td>84.68</td><td>614.92</td><td>9.47</td><td>15.06</td></tr>
<tr><td colspan="2">人工单价</td><td colspan="6">小计</td><td>84.68</td><td>614.92</td><td>9.47</td><td>15.06</td></tr>
<tr><td colspan="2">合计工日：103.02元/工日</td><td colspan="6">未计价材料费</td><td colspan="4">600</td></tr>
<tr><td colspan="8">清单项目综合单价</td><td colspan="4">724.13</td></tr>
<tr><td rowspan="5">材料费明细</td><td colspan="5">主要材料名称、规格、型号</td><td>单位</td><td>数量</td><td>单价（元）</td><td>合价（元）</td><td>暂估单价（元）</td><td>暂估合价（元）</td></tr>
<tr><td colspan="5">铜芯塑料绝缘电线 BV-6mm^2</td><td>m</td><td>2.04</td><td>3.45</td><td>7.04</td><td></td><td></td></tr>
<tr><td colspan="5">其他材料费</td><td>元</td><td>7.88</td><td>1</td><td>7.88</td><td></td><td></td></tr>
<tr><td colspan="5">24口POE交换机</td><td>台</td><td>1</td><td>—</td><td>—</td><td>600</td><td>600</td></tr>
<tr><td colspan="7">材料费小计</td><td>—</td><td>14.92</td><td>—</td><td>600</td></tr>
</table>

注：招标文件提供了暂估单价的材料，按暂估的单价填入表内“暂估单价”栏及“暂估合价”栏。

综合单价分析表（弱电机柜）　　表5.2-5

项目编码		030502001001		项目名称		弱电机柜		计量单位	台	工程量	1
清单综合单价组成明细											
定额编号	定额项目名称	定额单位	数量	单价（元）				合价（元）			
				人工费	材料费	机械费	管理费和利润	人工费	材料费	机械费	管理费和利润
5-131	安装机柜、机架，落地式	台	1	132.87	910.29	0.12	21.27	132.87	910.29	0.12	21.27
人工单价		小计						132.87	910.29	0.12	21.27
合计工日：103元/工日		未计价材料费						850			
清单项目综合单价								1064.55			
材料费明细	主要材料名称、规格、型号					单位	数量	单价（元）	合价（元）	暂估单价（元）	暂估合价（元）
	其他材料费					元	33.89	1	33.89		
	19英寸标准弱电机柜，规格：600mm×2000mm×600mm					个	1	850	850		
	其他材料费							—	26.4	—	0
	材料费小计							—	910.29	—	0

综合单价分析表（双绞线缆1）　　表5.2-6

项目编码		030502005001		项目名称		双绞线缆		计量单位	m	工程量	194.82
清单综合单价组成明细											
定额编号	定额项目名称	定额单位	数量	单价（元）				合价（元）			
				人工费	材料费	机械费	管理费和利润	人工费	材料费	机械费	管理费和利润
5-154	双绞线缆，线槽内布放，≤4对	10m	0.1	11.15	30.01	0.27	1.83	1.12	3	0.03	0.18
人工单价		小计						1.12	3	0.03	0.18
合计工日：101.36元/工日		未计价材料费						2.96			
清单项目综合单价								4.34			
材料费明细	主要材料名称、规格、型号					单位	数量	单价（元）	合价（元）	暂估单价（元）	暂估合价（元）
	其他材料费					元	0.04	1	0.04		
	双绞线缆					m	1.05	2.82	2.96		
	材料费小计							—	3	—	0

综合单价分析表（双绞线缆2） 表5.2-7

<table>
<tr><td colspan="2">项目编码</td><td colspan="2">030502005002</td><td colspan="2">项目名称</td><td colspan="2">双绞线缆</td><td>计量单位</td><td>m</td><td>工程量</td><td>54.9</td></tr>
<tr><td colspan="12">清单综合单价组成明细</td></tr>
<tr><td rowspan="2">定额编号</td><td rowspan="2">定额项目名称</td><td rowspan="2">定额单位</td><td rowspan="2">数量</td><td colspan="4">单价（元）</td><td colspan="4">合价（元）</td></tr>
<tr><td>人工费</td><td>材料费</td><td>机械费</td><td>管理费和利润</td><td>人工费</td><td>材料费</td><td>机械费</td><td>管理费和利润</td></tr>
<tr><td>5-153</td><td>双绞线缆，管内穿放，≤4对</td><td>10m</td><td>0.1</td><td>12.45</td><td>30.01</td><td>0.27</td><td>2.03</td><td>1.25</td><td>3</td><td>0.03</td><td>0.2</td></tr>
<tr><td colspan="2">人工单价</td><td colspan="6">小计</td><td>1.25</td><td>3</td><td>0.03</td><td>0.2</td></tr>
<tr><td colspan="2">合计工日：103.75元/工日</td><td colspan="6">未计价材料费</td><td colspan="4">2.96</td></tr>
<tr><td colspan="8">清单项目综合单价</td><td colspan="4">4.49</td></tr>
<tr><td rowspan="4">材料费明细</td><td colspan="5">主要材料名称、规格、型号</td><td>单位</td><td>数量</td><td>单价（元）</td><td>合价（元）</td><td>暂估单价（元）</td><td>暂估合价（元）</td></tr>
<tr><td colspan="5">其他材料费</td><td>元</td><td>0.04</td><td>1</td><td>0.04</td><td></td><td></td></tr>
<tr><td colspan="5">双绞线缆</td><td>m</td><td>1.05</td><td>2.82</td><td>2.96</td><td></td><td></td></tr>
<tr><td colspan="7">材料费小计</td><td>—</td><td>3</td><td>—</td><td>0</td></tr>
</table>

综合单价分析表（大对数线缆） 表5.2-8

<table>
<tr><td colspan="2">项目编码</td><td colspan="2">030502006009</td><td colspan="2">项目名称</td><td colspan="2">大对数线缆，桥架内布放，≤25对</td><td>计量单位</td><td>10m</td><td>工程量</td><td>5.575</td></tr>
<tr><td colspan="12">清单综合单价组成明细</td></tr>
<tr><td rowspan="2">定额编号</td><td rowspan="2">定额项目名称</td><td rowspan="2">定额单位</td><td rowspan="2">数量</td><td colspan="4">单价（元）</td><td colspan="4">合价（元）</td></tr>
<tr><td>人工费</td><td>材料费</td><td>机械费</td><td>管理费和利润</td><td>人工费</td><td>材料费</td><td>机械费</td><td>管理费和利润</td></tr>
<tr><td>5-149</td><td>大对数线缆，桥架内布放，≤25对</td><td>10m</td><td>1</td><td>10.3</td><td>193.25</td><td>0.41</td><td>1.71</td><td>10.3</td><td>193.25</td><td>0.41</td><td>1.71</td></tr>
<tr><td colspan="2">人工单价</td><td colspan="6">小计</td><td>10.3</td><td>193.25</td><td>0.41</td><td>1.71</td></tr>
<tr><td colspan="2">合计工日：103元/工日</td><td colspan="6">未计价材料费</td><td colspan="4">192.7</td></tr>
<tr><td colspan="8">清单项目综合单价</td><td colspan="4">205.67</td></tr>
</table>

续表

材料费明细	主要材料名称、规格、型号	单位	数量	单价（元）	合价（元）	暂估单价（元）	暂估合价（元）
	其他材料费	元	0.55	1	0.55		
	聚乙烯绝缘综合护套市内话缆，HYA 50×0.5mm^2	m	10.25	18.8	192.7		
	材料费小计			—	193.25	—	0

综合单价分析表（光缆）　表5.2-9

项目编码		030502007001		项目名称		光缆		计量单位	m	工程量	56.71
清单综合单价组成明细											
定额编号	定额项目名称	定额单位	数量	单价（元）				合价（元）			
				人工费	材料费	机械费	管理费和利润	人工费	材料费	机械费	管理费和利润
5-156	光缆，管内穿放，≤12芯	10m	0.1	17.6	81.74	0.21	2.85	1.76	8.17	0.02	0.28
人工单价		小计						1.76	8.17	0.02	0.28
合计工日：103.53 元/工日		未计价材料费						8.15			
清单项目综合单价								10.23			
材料费明细	主要材料名称、规格、型号				单位	数量		单价（元）	合价（元）	暂估单价（元）	暂估合价（元）
	其他材料费				元	0.024		1	0.02		
	室内多模软光缆 品种：GJ通信用室（局）内光缆；型号：GJFJV；工作类型：多模；芯数：6；规格型号：GJFJV-6A1				m	1.02		7.99	8.15		
	材料费小计							—	8.17	—	0

综合单价分析表（跳线）　表5.2-10

项目编码		030502009001		项目名称		跳线		计量单位	条	工程量	5
清单综合单价组成明细											
定额编号	定额项目名称	定额单位	数量	单价（元）				合价（元）			
				人工费	材料费	机械费	管理费和利润	人工费	材料费	机械费	管理费和利润
5-172	安装光纤跳线	条	1	9.36	17.28	0	1.5	9.36	17.28	0	1.5

续表

人工单价	小计			9.36	17.28	0	1.5
合计工日：102.86元/工日	未计价材料费			16.88			
清单项目综合单价				28.14			
材料费明细	主要材料名称、规格、型号	单位	数量	单价（元）	合价（元）	暂估单价（元）	暂估合价（元）
	其他材料费	元	0.4	1	0.4		
	FC–FC多模双芯光纤跳线 品种：跳线；规格型号：S937；规格（m）：3	条	1	16.88	16.88		
	材料费小计			—	17.28	—	0

综合单价分析表（配线架）　　表5.2–11

项目编码		030502010001		项目名称		配线架		计量单位	个	工程量	3
清单综合单价组成明细											
定额编号	定额项目名称	定额单位	数量	单价（元）				合价（元）			
				人工费	材料费	机械费	管理费和利润	人工费	材料费	机械费	管理费和利润
5–183	配线架，24口	架	0.6667	129.57	190	0	20.73	86.38	126.67	0	13.82
人工单价		小计						86.38	126.67	0	13.82
合计工日：103元/工日		未计价材料费						113.33			
清单项目综合单价								226.87			
材料费明细	主要材料名称、规格、型号				单位		数量	单价（元）	合价（元）	暂估单价（元）	暂估合价（元）
	其他材料费				元		13.3333	1	13.33		
	配线架，24口				架		0.6667	170	113.34		
	材料费小计							—	126.67	—	0

综合单价分析表（光缆终端盒）　　表5.2-12

项目编码		030502015001		项目名称		光缆终端盒		计量单位	个	工程量	1
清单综合单价组成明细											
定额编号	定额项目名称	定额单位	数量	单价（元）				合价（元）			
				人工费	材料费	机械费	管理费和利润	人工费	材料费	机械费	管理费和利润
5-209	安装光缆终端盒，≤12芯	个	1	47.08	232.22	2.15	7.87	47.08	232.22	2.15	7.87
人工单价		小计						47.08	232.22	2.15	7.87
合计工日：103.02元/工日		未计价材料费						230			
清单项目综合单价								289.32			
材料费明细	主要材料名称、规格、型号					单位	数量	单价（元）	合价（元）	暂估单价（元）	暂估合价（元）
	其他材料费					元	2.22	1	2.22		
	光缆终端盒					个	1	230	230		
	材料费小计							—	232.22	—	0

综合单价分析表（布放尾纤）　　表5.2-13

项目编码		030502016001		项目名称		布放尾纤		计量单位	根	工程量	6
清单综合单价组成明细											
定额编号	定额项目名称	定额单位	数量	单价（元）				合价（元）			
				人工费	材料费	机械费	管理费和利润	人工费	材料费	机械费	管理费和利润
5-215	布放尾纤，终端盒至光纤配线架	条	1	20.6	11.09	0.54	3.39	20.6	11.09	0.54	3.39
人工单价		小计						20.6	11.09	0.54	3.39
合计工日：103元/工日		未计价材料费						11			
清单项目综合单价								35.62			
材料费明细	主要材料名称、规格、型号					单位	数量	单价（元）	合价（元）	暂估单价（元）	暂估合价（元）
	其他材料费					元	0.09	1	0.09		
	尾纤，10m，双头					根	1	11	11		
	材料费小计							—	11.09	—	0

综合单价分析表（光纤测试） 表5.2-14

项目编码		030502020002		项目名称		光纤测试		计量单位	链路	工程量	1
清单综合单价组成明细											
定额编号	定额项目名称	定额单位	数量	单价（元）				合价（元）			
				人工费	材料费	机械费	管理费和利润	人工费	材料费	机械费	管理费和利润
5-222	光纤测试	链路	1	5.15	0.09	8.05	2.11	5.15	0.09	8.05	2.11
人工单价		小计						5.15	0.09	8.05	2.11
合计工日：103元/工日		未计价材料费						0			
清单项目综合单价								15.4			
材料费明细	主要材料名称、规格、型号					单位	数量	单价（元）	合价（元）	暂估单价（元）	暂估合价（元）
	其他材料费					元	0.09	1	0.09		
	材料费小计							—	0.09	—	0

5.2.3 问题思考

一、单选题

1．根据《建设工程工程量清单计价规范》GB 50500，下列费用项目中需纳入分部分项工程项目综合单价的是（　　）。

A．工程设备暂估价　　B．专业工程暂估价

C．暂列金额　　D．计日工费

2．根据《建设工程工程量清单计价规范》GB 50500，一般不作为安全文明施工费计算基础的是（　　）。

A．定额人工费

B．定额人工费+定额材料费

C．定额人工费+定额施工机具使用费

D．定额人工费+定额材料费+定额施工机具使用费

3．根据《建设工程工程量清单计价规范》GB 50500，关于计日工的说法中正确的是（　　）。

A．计日工表包括各种人工，不应包括材料、施工机械

B．计日工按综合单价计价，投标时应计入投标总价

C．计日工表中的项目名称由招标人填写，工程数量由投标人填写

D．计日工单价由投标人自主确定，并按计日工表中所列数量结算

4. 关于招标工程量清单中其他项目清单的编制，下列说法中正确的是（ ）。

A. 投标人情况、发包人对工程管理要求对其内容会有直接影响

B. 暂列金额可以只列金额，但不同专业预留的暂列金额应分别列项

C. 专业工程暂估价应包括利润、规费和税金

D. 计日工的暂定数量可以由投标人填写

5. 根据《建设工程工程量清单计价规范》GB 50500，关于施工发承包投标报价的编制，下列做法中正确的是（ ）。

A. 设计图纸与招标工程量清单项目特征描述不同的，以设计图纸特征为准

B. 暂列金额应按照招标工程量清单中列出的金额填写，不得变动

C. 材料、工程设备暂估价应按暂估单价，乘以所需数量后计入其他项目费

D. 总承包服务费应按照投标人提出的协调、配合和服务项目自主报价

6. 施工招标工程量清单中，应由投标人自主报价的其他项目是（ ）。

A. 专业工程暂估价 B. 暂列金额

C. 工程设备暂估价 D. 计日工单价

7. 采用工程量清单计价的总承包服务费计价表中，应由投标人填写的内容是（ ）。

A. 项目价值 B. 服务内容 C. 计算基础 D. 费率和金额

8. 根据《建设工程工程量清单计价规范》GB 50500，允许投标人根据具体情况对招标工程量清单进行修正或增加的内容是（ ）。

A. 分部分项工程量清单 B. 措施项目清单 C. 暂列金额 D. 计日工

9. 根据《建设工程工程量清单计价规范》GB 50500，下列关于计日工的说法中正确的是（ ）。

A. 招标工程量清单计日工数量为暂定，计日工费不计入投标总价

B. 发包人通知承包人以计日工方式实施的零星工作，承包人可以视情况决定是否执行

C. 计日工表的费用项目包括人工费、材料费、施工机械使用费、企业管理费和利润

D. 计日工金额不列入期中支付，在竣工结算时一并支付

二、多选题

1. 根据《建设工程工程量清单计价规范》GB 50500，关于工程量清单计价的有关要求，下列说法中正确的有（ ）。

A. 事业单位自有资金投资的建设工程发承包，可以不采用工程量清单计价

B. 使用国有资金投资的建设工程发承包，必须采用工程量清单计价

C. 招标工程量清单应以单位工程为单位编制

D. 招标工程量清单的准确性和完整性由清单编制人负责

E. 招标工程量清单由投标人编制

2. 根据《建设工程工程量清单计价规范》GB 50500，在其他项目清单中，应由投标人自主确定价格的有（　　）。

A. 暂列金额　　B. 专业工程暂估价

C. 材料暂估价　　D. 计日工单价

E. 总承包服务费

5.2.4 拓展知识

资源名称	实训任务书	实训报告格式	某高层住宅楼弱电工程图
资源类型	文档	文档	文档
资源二维码			

项目 6
工程结算

【教学载体】工程案例。

【教学目标】

知识目标	能力目标	素养目标
1. 了解工程结算含义； 2. 熟悉工程结算的有关规定和基本原则	具有依据专业知识，计算工程预付款、起扣点、进度款的能力	科学严谨，精益求精
微分享：港珠澳大桥因超大的建筑规模、空前的施工难度和顶尖的建造技术而闻名世界。在大桥在建设过程中，中国国内许多高校、科研院所提供了重要的技术支持，使该工程创下多项世界之最，体现了逢山开路、遇水架桥的奋斗精神和自主创新能力，体现了勇创世界一流的企业精神。同学们应该刻苦学习、奋发有为、不断创新、脚踏实地干事业，以新时代工匠精神投身社会主义现代化建设。		

【思维导图】

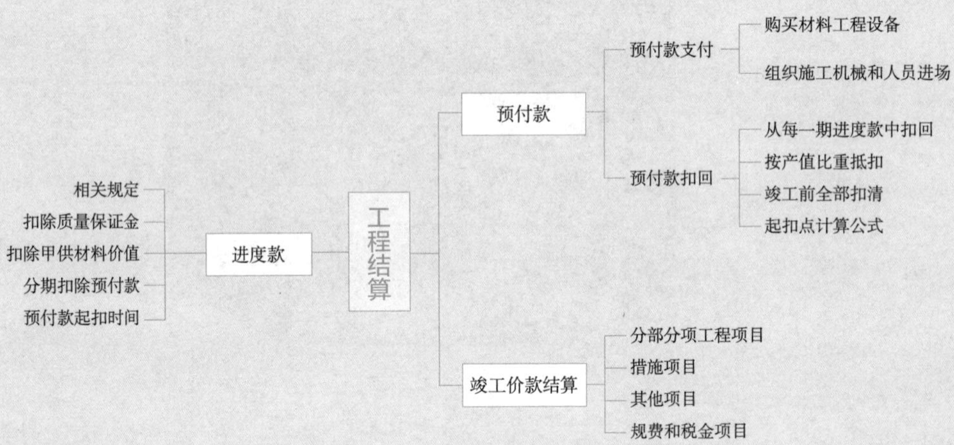

6.1.1 学生任务单

任务名称	工程结算		
学生姓名		班级学号	
同组成员			
任务角色	□编制人员	□复核人员	

任务卡

任务内容

工程概况：某建筑智能化安装工程，合同约定：安装工程造价为300万元，建筑材料及设备费占施工产值的比重为65%，工程预付款为安装工程造价的25%。工程质量保证金为合同总价的3%，从每月工程款中按3%的比例扣留，发包人提供的甲供材料和设备金额在发生当月的工程款中扣回。工程各月实际完成产值，见表6–1。工程进度款逐月计算

工程实际完成产值（单位：万元）　　表6–1

月份	2月	3月	4月	5月	6月
实际完成工作量价值	60	63	75	57	45
甲供材料设备价值	10	8	6	5	3

试计算该工程的预付款及起扣点，该工程每月应拨付的工程进度款金额

需提交成果	计算书

任务实施

计算书

续表

<table>
<tr><td rowspan="2">任务实施</td><td colspan="7">计算书</td></tr>
<tr><td colspan="7"></td></tr>
<tr><td rowspan="2">学习反思</td><td>遇到问题</td><td colspan="6"></td></tr>
<tr><td>解决方法</td><td colspan="6"></td></tr>
<tr><td rowspan="6">过程评价</td><td rowspan="2">自我评价（5分）</td><td>课前学习</td><td>时间观念</td><td>实施方法</td><td>职业素养</td><td>成果质量</td><td>分值</td></tr>
<tr><td></td><td></td><td></td><td></td><td></td><td></td></tr>
<tr><td rowspan="2">小组评价（5分）</td><td>任务承担</td><td>时间观念</td><td>团队合作</td><td>能力素养</td><td>成果质量</td><td>分值</td></tr>
<tr><td></td><td></td><td></td><td></td><td></td><td></td></tr>
<tr><td>综合打分</td><td colspan="6">自我评价分值+小组评价分值：</td></tr>
<tr><td>教师总评</td><td colspan="6">签名：</td></tr>
</table>

6.1.2 知识与技能

1. 知识点——工程结算的含义

工程结算是指发承包双方根据合同约定，对合同工程在实施过程中、终止时、已完工后进行的合同价款计算、调整和确认。主要包括工程预付款、进度款、竣工价款结算等。

2. 技能点——预付款的计算方法

（1）预付款支付

预付款是在开工前，发包人按照合同约定，预先支付给承包人用于购买合同工程施工所需的材料、工程设备，以及组织施工机械和人员进场等的款项。包工包料工程的预付款支付比例不得低于签约合同价（扣除暂列金额）的10%，不宜高于签约合同价（扣除暂列金额）的30%。

（2）预付款扣回

预付款应从每一支付期应支付给承包人的工程进度款中扣回，直到扣回的金额达到合同约定的预付款金额为止。

起扣点计算公式：

$$\text{起扣点的累计完成工程金额}=\text{合同总额}-\frac{\text{工程预付款总额}}{\text{主要材料及构件所占比重}} \quad (6.1\text{-}1)$$

工程实施过程中，工程预付款从未施工工程尚需的建筑材料及设备费相当于工程预付款数额时起扣，从每次结算工程价款中按材料和设备占施工产值的比重抵扣工程预付款，竣工前全部扣清。

（3）示例

【例】某建筑智能化安装工程，合同约定：安装工程造价为100万元，建筑材料及设备费占施工产值的比重为60%，工程预付款为安装工程造价的25%。试计算该工程的预付款及起扣点。

【解】

工程预付款=100×25%=25（万元）

起扣点=100−25/60%=58.33（万元）

3. 技能点——进度款的计算方法

进度款是在合同工程施工过程中，发包人按照合同约定，对付款周期内承包人完成的合同价款给予支付的款项，也是合同价款期中结算支付。

（1）相关规定

1）发承包双方应按照合同约定的时间、程序和方法，根据工程计量结果，办理期中价款结算，支付进度款。

2）已标价工程量清单中的单价项目，承包人应按工程计量确认的工程量与综合单位计算；综合单价发生调整的，以发承包双方确认调整的综合单位计算进度款。

3）已标价工程量清单中的总价项目，承包人应按合同中约定的进度款支付分解，分别列入进度款支付申请中的安全文明施工费和本周期应支付的总价项目的金额中。

4）发包人提供的甲供材料金额，应按照发包人签约提供的单价和数量从进度款支付中扣除，列入本周期应扣减的金额中。

5）承包人现场签证和得到发包人确认的索赔金额应列入本周期应增加的金额中。

6）进度款的支付比例按照合同约定，按期中结算价款总额计，不低于60%、不高于90%。

（2）示例

【例】上例中某建筑智能化安装工程，工程质量保证金为合同总价的3%，从每月工程款中按3%的比例扣留，发包人提供的甲供材料和设备金额在发生当月的工程款中扣回。7月份实际完成产值为20万元，甲供材料设备价值3万元；8月份实际完成产值为21万元，甲供材料设备价值2万元；9月份实际完成产值为25万元，甲供材料设备价值2万元；10月份实际完成产值为19万元，甲供材料设备价值1.5万元；11月份实际完成产值为15万元，甲供材料设备价值1万元。工程进度款逐月计算。试着计算该工程每月应拨付的工程进度款金额。

【解】

1）起扣工程预付款时间

前例已知工程预付款起扣点为58.33万元，则：

20+21+25=66>58.33（万元）

开始起扣工程预付款的时间为9月份。

2）7月份

应付工程款=20×（1−3%）−3=16.40（万元）

3）8月份

应付工程款=21×（1−3%）−2=18.37（万元）

4）9月份

应扣工程预付款=（66−58.33）×60%=4.6（万元）

应付工程款=25×（1−3%）−4.6−2=17.65（万元）

5）10月份

应扣工程预付款=19×60%=11.4（万元）

应付工程款=19×（1−3%）−11.4−1.5=5.53（万元）

6）11月份

应扣工程预付款=25−4.6−11.4=9（万元）

应付工程款=15×（1−3%）−9−1=4.55（万元）

4. 知识点——工程竣工结算的计价原则

（1）分部分项工程和措施项目中的单价项目应依据发承包双方确认的工程量与已标价工程量清单的综合单价计算；发生调整的，应以发承包双方确认调整的综合单价计算。

（2）措施项目中的总价项目应依据已标价工程量清单的项目和金额计算；发生调整的，应以发承包双方确认调整的金额计算，其中安全文明施工费应按计价规范相关规定计算。

（3）其他项目应按下列规定计价：

1）计日工应按发包人实际签证确认的事项计算。

2）暂估价应按计价规范相关规定计算。

3）总承包服务费应依据已标价工程量清单金额计算；发生调整的，应以发承包双方确认调整的金额计算。

4）索赔费用应依据发承包双方确认的索赔事项和金额计算。

5）现场签证费用应依据发承包双方签证资料确认的金额计算。

6）暂列金额应减去合同价款调整（包括索赔、现场签证）金额计算，如有余额归发包人。

（4）规费和税金应按计价规范相关规定计算。规费中的工程排污费应按工程所在地环境保护部门规定的标准缴纳后按实列入。

（5）发承包双方在合同工程实施过程中已经确认的工程计量结果和合同价款，在竣工结算办理中应直接进入结算。

6.1.3 问题思考

一、单选题

1. 某分项工程招标工程量清单数量为4000m^3，施工中由于设计变更调减为3000m^3，该项目招标控制价综合单价为600元/m^3，投标报价为450元/m^3。合同约定实际工程量与招标工程量偏差超过±15%时，综合单价以招标控制价为基础调整。若承包人报价浮动率为10%，该分项工程费结算价为（　　）万元。

A. 137.70　　B. 155.25　　C. 186.30　　D. 207.00

2. 根据《建设工程工程量清单计价规范》GB 50500，当实际增加的工程量超过清单工程量的15%，且造成按总价方式计价的措施项目发生变化的，应将（　　）。

A. 综合单价调高，措施项目费调增　　B. 综合单价调高，措施项目费调减

C. 综合单价调低，措施项目费调增　　D. 综合单价调低，措施项目费调减

二、多选题

1. 根据《建设工程工程量清单计价规范》GB 50500，关于计日工费用的确认支

付，下列说法中正确的有（　　）。

A．承包人应按照确认的计日工现场签证报告核实该类项目的工程数量和单价

B．已标价工程量清单中有该类计日工单价的，按该单价计算

C．已标价工程量清单中没有该类计日工单价的，按承包人报价计算

D．计日工价款应列入同期进度款支付

E．发包人通知承包人以计日工方式实施的零星工作，承包人应予执行

2．根据《建设工程工程量清单计价规范》GB 50500，关于工程竣工结算的计价原则，下列说法中正确的有（　　）。

A．计日工按发包人实际签证确认的事项计算

B．总承包服务费依据合同约定金额计算，不得调整

C．暂列金额应减去工程价款调整金额计算，余额归发包人

D．规费和税金应按国家或省级、行业建设主管部门的规定计算

E．总价措施项目应依据合同约定的项目和金额计算，不得调整

6.1.4 拓展知识

资源名称	注册造价工程师管理办法	二级造价工程师考试大纲
资源类型	文档	文档
资源二维码		

参考文献

[1] 岳井峰．看图学建筑电气安装工程预算[M]．3版．北京，中国电力出版社，2015．

[2] 岳井峰．建筑智能化工程造价[M]．武汉，武汉理工大学出版社，2016．

[3] 赵宏家．电气工程识图与施工工艺[M]．2版．重庆：重庆大学出版社，2006．

[4] 杨光臣．建筑电气工程识图·工艺·预算[M]．2版．北京：中国建筑工业出版社，2006．

[5] 孟昭荣，徐第．安装造价员岗位实务知识[M]．北京：中国建筑工业出版社，2007．

[6] 张卫兵．电气安装工程识图与预算入门[M]．北京：人民邮电出版社，2005．

[7] 熊德敏．安装工程定额与预算[M]．北京：高等教育出版社，2003．

[8] 全国造价工程师执业资格考试培训教材编审委员会．建设工程技术与计量（安装工程）[M]．北京：中国计划出版社，2021．

[9] 全国造价工程师执业资格考试培训教材编审委员会．建设工程计价[M]．北京：中国计划出版社，2021．

[10] 全国造价工程师执业资格考试培训教材编审委员会．建设工程造价管理[M]．北京：中国计划出版社，2021．

[11] 规范编制组．2013建设工程计价计量规范辅导[M]．北京：中国计划出版社，2013．